L'affreuse fusillade,
le cliquetis des armures,
le fracas des piques, les cris des blessés
et des assaillants, s'ajoutant aux accents
des trompettes, au bruit des tambours,
aux coups de sifflet,
tout cela faisait
une musique terrible.

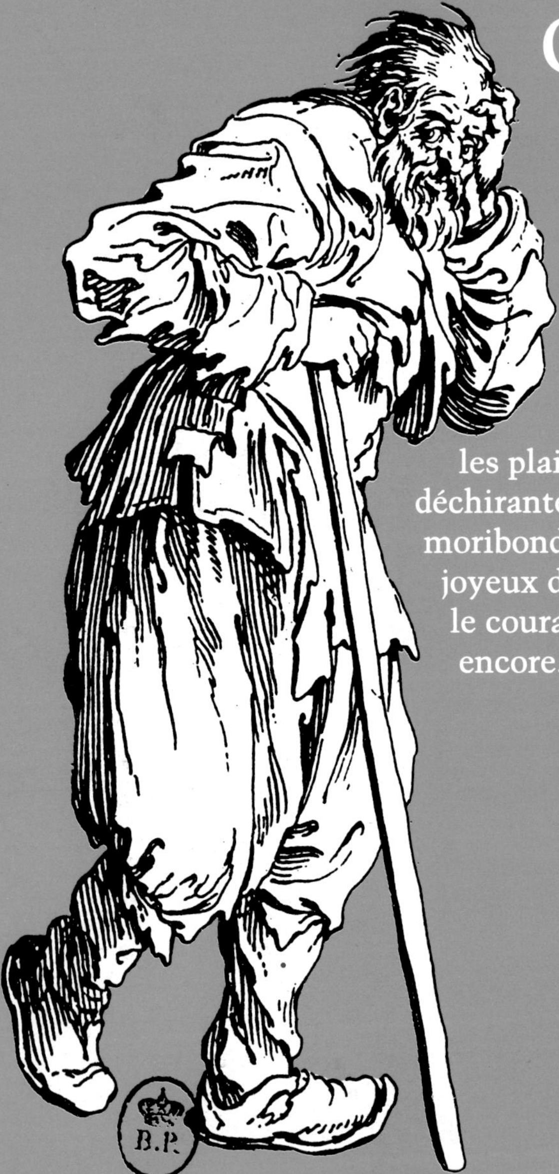

On ne voyait rien qu'un épais nuage de fumée et de poussière qui semblait vouloir voiler l'horrible spectacle des morts et des blessés. On entendait les plaintes déchirantes des moribonds et les cris joyeux de ceux que le courage enflammait encore.

La terre, qui a coutume de recouvrir les morts, était alors, en cet endroit, semée de cadavres : ici gisait une tête que son propriétaire naturel avait perdue, là un corps auquel il manquait la tête ; certains avaient les entrailles affreusement arrachées du corps ; d'autres avaient la tête fracassée et la cervelle en bouillie.

On voyait des corps inanimés privés de leur sang et des vivants souillés de sang étranger. Il y avait des bras arrachés dont les doigts remuaient encore comme s'ils voulaient se jeter de nouveau dans la mêlée ; par contre, des gaillards prenaient la fuite, qui n'avaient pas encore versé une goutte de sang.

Le sol était couvert de jambes séparées du tronc qui, bien qu'elles n'eussent plus à porter le fardeau de leurs corps, étaient devenues plus lourdes que précédemment.

On voyait des soldats mutilés qui suppliaient qu'on hâtât leur trépas, bien que leur mort ne fît pas de doute, et il s'en trouvait d'autres qui demandaient qu'on les épargnât. Pour résumer d'un mot, la vue de ces misères était navrante.

Grimmelshausen,
Simplicius Simplicissimus

B.R

Louis Avan, professeur de physique au Conservatoire national des arts et métiers (CNAM), est directeur du laboratoire Brigitte-Frybourg pour l'Insertion sociale des personnes handicapées.
Henri-Jacques Stiker, docteur en philosophie, est l'auteur d'ouvrages sur l'histoire des relations entre infirmités et sociétés. Il est directeur de recherche à la Ligue pour l'adaptation du diminué physique au travail.
Michel Fardeau, directeur de recherche au CNRS et professeur de la chaire Insertion sociale des personnes handicapées au CNAM, a également apporté sa collaboration à cet ouvrage.

Ce livre a été publié à l'occassion de l'exposition « l'Homme réparé », à la Cité des Sciences et de l'industrie (25 février - 31 juillet 1988), réalisée grâce au concours de la Mutualité française, de la Mutualité de la Fonction publique, de la MGEN, de l'INSERM, de France-Télécom, de la Fondation de France, et avec la collaboration du CNAM.

Responsable de la rédaction et coordination :
Michèle Decré

Dépôt légal : février 1988
Numéro d'édition : 42780
ISBN 2-07-053048-5
Imprimé en Italie

L'HOMME RÉPARÉ
ARTIFICES, VICTOIRES, DÉFIS

Louis Avan, Michel Fardeau et Henri-Jacques Stiker

DÉCOUVERTES GALLIMARD
CITÉ DES SCIENCES ET DE L'INDUSTRIE

L'infirme gêne, désorganise, fait peur. Il nous renvoie l'image d'une fragilité de nature. Il nous confronte violemment à la souffrance, à la finitude, à l'injustice. Au fil des âges, au gré des cultures, les personnes atteintes de handicaps physiques ou mentaux ont tantôt été niées, rejetées, tantôt prises en pitié, tolérées, aidées, reconnues.

CHAPITRE PREMIER

LES EXCLUS DE LA VIE

Les infirmes voisinent parfois avec les princes et les rois. La société leur reconnaît alors une fonction de dérision, de bouffonnerie. L'empereur Auguste, Marie de Médicis, Charles Quint, ou Philippe IV d'Espagne avaient des nains à leur cour.

La place des infirmes au sein des diverses sociétés a certes évolué, mais jamais de façon linéaire. Les attitudes à leur égard ont varié, se sont contredites, opposées, juxtaposées. Leur statut a bénéficié d'autant d'avancées qu'il a subi de retours en arrière. Cependant, en tous lieux, en tous temps, des hommes n'ont cessé de lutter et d'imaginer des solutions pour réparer la machine humaine défaillante, liant étroitement l'histoire de la réparation à celle de la médecine, et même à celle du combat pour la justice.

Un messager de la grâce ou de la colère des dieux

L'Egypte ancienne se montre accueillante aux plus faibles ; les nouveau-nés atteints de malformation ou qui se révèlent, dans leurs premières années, simples d'esprit, sont considérés comme touchés par la grâce des dieux et intégrés dans la société. Le sage Aménopé avertit ainsi ses jeunes compagnons : «Ne ris pas d'un aveugle, ne taquine pas un nain.»

Au contraire, dans la Grèce et la Rome antiques, l'infirme est le signe de la colère des dieux : il perturbe la société et l'ordre du monde, il inquiète. Aussi s'en sépare-t-on. Les enfants contrefaits sont abandonnés à la volonté des dieux dans des lieux inhabités et secrets. Aristote insiste sur la nécessité d'une loi interdisant de les nourrir. Platon tente de rationaliser les coutumes religieuses par des arguments eugéniques : éliminer les faibles pour préserver la pureté de la race des gardiens. A Sparte, l'élimination est violente : les nouveau-nés faibles ou difformes sont jetés dans un ravin du Taygète. Rares sont les voix qui valoriseront la cécité et la surdité. Il y a «des plaisirs de la nuit et du silence», écrit Cicéron, que ne peuvent goûter ceux qui voient et qui entendent.

Sur de nombreux bas-reliefs, sur des peintures antiques, on trouve des représentations d'infirmes. Comme ce serviteur égyptien (ci-dessus), montrant des séquelles de poliomyélite, ou (page de gauche) la reine du pays de Pount, affligée d'une grave déformation lombaire, ou encore (ci-dessous), sur un vase grec, ce satyre à jambe de bois...

Les premiers légistes du handicap : Hammurabi, Moïse, la communauté essénienne

Le roi de Babylone, Hammurabi (1792-1750 avant J.-C.), dicte un code civil pour que le fort n'opprime pas le faible. L'infirme est protégé des risques d'actes abusifs de la part des médecins par tout un ensemble de lois.

Après l'alliance du Sinaï, au XIIIe siècle avant J.-C., Moïse transmet aux Hébreux libérés de la servitude d'Egypte les interdits du Lévitique. Une véritable charte sanitaire concerne le statut des lépreux qui sont isolés de la communauté. Le Code de Sainteté dresse la liste des handicaps qui interdisent le contact avec le sacré et affirme l'impossibilité pour un infirme d'accéder au sacerdoce : «Car aucun homme ne doit s'approcher pour offrir l'aliment à Dieu s'il a une infirmité, que ce soit un aveugle ou un boiteux, un homme défiguré ou déformé, un homme dont le pied ou le bras soit fracturé, un bossu, un rachitique, un homme atteint d'ophtalmie, de dartres ou de plaies purulentes, ou un eunuque... Il a une infirmité et ne doit pas profaner [les] objets sacrés.»

De son côté, la communauté essénienne exclut du service divin les débiles, les fous, les déments, les aveugles, les estropiés, les boiteux, les sourds... Les textes de *Qumrân* interdisent à l'infirme de s'asseoir à la table communautaire et l'excluent des combats.

Des chants d'espoir : les prophéties d'Isaïe et le Livre de Job

En dépit de l'éloignement dans lequel le Lévitique relègue certaines personnes handicapées, on trouve chez le prophète Isaïe des paroles d'espoir. «Dieu a châtié les nations pour leur indocilité, mais il reviendra le temps où l'homme scellera une alliance d'amour avec le Tout-Puissant. Alors les infirmes seront guéris des marques du châtiment : les yeux des aveugles se dessilleront, les oreilles des sourds s'ouvriront, le boiteux bondira comme un cerf et la langue du muet criera de joie.»

Dans le Livre de Job (ve siècle avant J.-C.), ce qui est remis en cause c'est l'existence d'un lien entre l'infirmité et le péché. Job nie le fait qu'on doive regarder l'infirme comme un être qui porte les stigmates d'un châtiment divin.

La grande et véritable rupture est apportée par Jésus de Nazareth, à l'écoute des exclus

Le Christ reconnaît totalement l'infirme comme une personne humaine, créée à l'image de Dieu. Lorsqu'en Galilée, un lépreux s'approche de lui, Jésus, transgressant les prescriptions du Lévitique, le touche et dit : «Je le veux, sois guéri !» Jésus exerce sa mission de guérison, privilégiant les humbles, les pauvres, les marginaux et les infirmes. Il déclenche le scandale et l'hostilité des chefs, oppositions qui le mèneront à l'abandon, à la condamnation et à la mort.

Pourtant, cette libération totale apportée par les Evangiles, ne sera reprise ni dans les faits, ni dans l'Eglise institutionnelle. Celle-ci ne retiendra de la parole du Christ qu'une partie de son message de charité.

Mahomet, de son côté, demande aumône et respect pour les infirmes : «nul grief à l'aveugle, nul grief au boiteux, nul grief au malade» (sourate XXIV, 60).

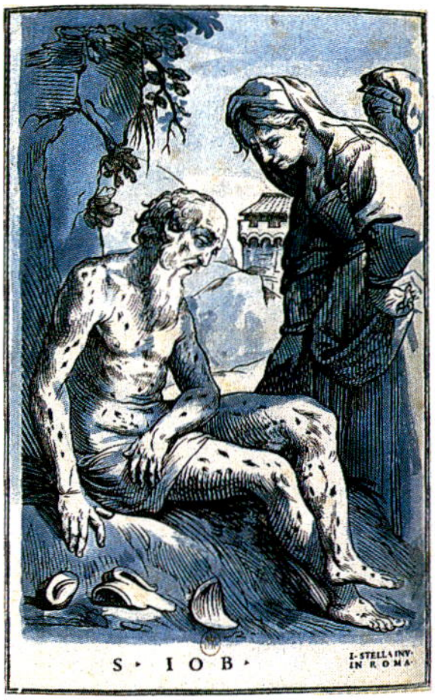

Homme juste, Job est pourtant frappé de tous les malheurs : il perd ses biens, ses fils meurent ; il est atteint d'une maladie qui transforme son corps en une plaie béante, en objet de dégoût, même pour sa femme. Celle-ci l'incite à maudire le Seigneur, mais Job garde la foi. Dieu, qui voulait seulement le mettre à l'épreuve pour lui permettre d'atteindre une plus grande perfection, lui fait recouvrer tout à la fois santé, richesse et même davantage.

Jusqu'au XIIe siècle, les institutions monastiques, principales protectrices des «handicapés», voient surtout en eux des sujets de charité

L'attitude de Jésus a inspiré, à ceux qui se réclamaient de sa doctrine, plus une morale miséricordieuse qu'une volonté de «reconnaître» l'infirme. Pourtant, il y eut au sein de la communauté chrétienne naissante de nombreux et ardents défenseurs de la personne handicapée. Ainsi, Zotikos, figure réelle ou légendaire, fut mis à mort pour avoir soigné et sauvé les lépreux que l'empereur avait ordonné de chasser de la ville et

« Et voici des gens portant sur un lit un homme qui était paralysé, et ils cherchaient à l'introduire et à le placer devant lui. Et comme ils ne savaient par où l'introduire à cause de la foule, ils montèrent sur le toit et, à travers les tuiles, ils le descendirent avec sa civière, au milieu, devant Jésus. Voyant leur foi, il dit : «Homme, tes péchés te sont remis.» Les scribes et les Pharisiens se mirent à penser : «Qui est-il celui-là qui profère des blasphèmes ? Qui peut remettre les péchés, sinon Dieu seul ?» Mais percevant leurs pensées, Jésus prit la parole et leur dit : «Pourquoi ces pensées dans vos cœurs ? Quel est le plus facile, de dire : tes péchés te sont remis, ou de dire : Lève-toi et marche ? Eh bien, pour que vous sachiez que le Fils de l'Homme a le pouvoir sur la terre de remettre les péchés, je te l'ordonne, dit-il au paralysé, lève-toi et, prenant ta civière, va chez toi.» Et à l'instant même, se levant devant eux, et prenant ce sur quoi il gisait, il s'en alla chez lui en glorifiant Dieu. »

Evangile selon saint Luc

même de jeter au fond des mers.

Basile de Césarée (329-379) fonde un établissement de «secours catholique», la Basiliade ; à la même époque, en Egypte, est instituée une sorte de bureau de bienfaisance, la Diaconia...

Beaucoup plus tard, saint François d'Assise crée un ordre faisant de la pauvreté une vertu fondamentale : le pauvre et l'infirme sont porteurs d'une «grande densité de créature» et représentent, dira-t-il, la «réincarnation du Christ». Sa première règle est marquée d'une tendresse fraternelle pour toutes les créatures de l'univers et de la reconnaissance de l'infirme comme «icône du Christ». D'autre part, l'aumône, nécessaire au salut des riches, s'institue en véritable système économique.

Ce mouvement de charité aboutit au XIIe siècle, en raison de l'insuffisance des monastères, à la création d'hôpitaux, mêlant pauvres et infirmes

L'Hôtel-Dieu de Paris est construit de 1165 à 1260 ; c'est la naissance de l'hôpital et l'amorce d'une sécularisation des œuvres. Parallèlement, les ordres mendiants s'efforcent de modifier l'image de la misère et d'arracher à la sphère du «mal» certains types de handicaps.

A la même époque, Saint Louis ouvre aux

aveugles les Quinze-Vingts (1254). La société est écrasée sous le nombre des indigents : pauvres et infirmes se confondent en une masse de démunis. Tandis que le pouvoir séculier s'efforce d'endiguer ce flot, certaines communautés religieuses cherchent à la pauvreté des valeurs morales qui permettent de la sublimer. Avec l'ouverture de l'Hôpital Général au XVIIe siècle, s'achève le processus de sécularisation des œuvres de charité.

« Les frères doivent se réjouir quand ils vivent parmi les personnes pauvres et infirmes, et les malades, lépreux ou mendiants le long du chemin. »
Saint François d'Assise

Les Œuvres de Miséricorde

Sur les places des marchés, à la porte des églises, ce sont les mêmes personnages : épaves des guerres devenues mendiants, miséreux aux horribles infirmités de naissance, débiles et bouffons de foire. Les grands infirmes sont légion, en rapport avec les conditions de misère et de pauvreté de l'époque. De simples fractures, rarement soignées, se ressoudaient tant bien que mal, entraînant gangrène, amputation ou déformation rendant le membre atteint inutilisable à vie. L'hospitalité monastique ne suffit plus. Dans toute l'Europe, se créent et se développent «les Œuvres de Miséricorde». Le riche assure son salut par l'aumône aux pauvres et aux infirmes.

Charité et ordre social

A partir du XVIIe siècle, c'est surtout pour organiser et maintenir l'ordre public que l'on rassemble pauvres et infirmes dans les hôpitaux, à l'écart de la société. Sous Louis XIII, Bicêtre est destiné aux soldats estropiés. En 1656, Louis XIV fonde l'Hôpital Général, «pour l'enfermement des pauvres et des fous», puis, en 1670, l'Hôtel des Invalides pour les soldats blessés. La charité cède la place à l'administration. Dans des services d'incurables se côtoient vieillards grabataires, jeunes estropiés et débiles de toutes sortes. Malgré la sécularisation, ce sont toujours des religieux que l'on retrouve au service des malades. Ci-dessous les Filles de la Charité, à la fin du XIXe siècle.

Au siècle des Lumières, les philanthropes affirment le droit des «handicapés»

Déjà, au XVIe siècle apparaissent des signes précurseurs. Un médecin italien, Girolamo Gardano, admet pour la première fois la capacité de raisonnement des sourds, tandis qu'en Espagne, Philippe II choisit «el mudo» (le muet), Juan F. X. Navaretta, comme peintre de la cour. En 1575, Lasso, juriste espagnol, conclut que les sourds peuvent apprendre à parler et il requiert pour eux le droit de fonder une famille.

Au XVIIIe siècle, les philosophes fondent leur réflexion sur l'exercice de la raison et sur

« Les sourds-muets constituent une classe vraiment malheureuse d'hommes semblables à nous, mais réduits en quelque sorte à l'état de bêtes tant qu'on ne travaille point à les retirer des ténèbres épaisses dans lesquelles ils sont ensevelis. »

Abbé de l'Epée

des observations scientifiques précises. Des philanthropes : l'abbé de l'Epée, V. Haüy, le père Jamet, l'abbé Sicart affirment le droit des personnes handicapées : à la création artistique, à l'éducation et au travail, à la citoyenneté.

La réparation n'attend pas que les attitudes changent

Le premier exemple de pied artificiel connu date de 2 300 avant J.-C. L'usage des béquilles en Egypte est attesté par les fouilles ; sur une momie datant de 2 000 avant J.-C., on a pu voir une main artificielle articulée avec emboîture engainant l'avant-bras. Les Romains étaient déjà experts dans l'élaboration de prothèses fonctionnelles.

Les grands découvreurs du corps humain font scandale

Léonard de Vinci s'est intéressé à l'anatomie et au dessin anatomique, il a exploré le corps tout entier et a même exécuté le schéma expérimental d'une prothèse de l'œil. On a pu dire qu'il avait fondé la science expérimentale.

L'anatomiste flamand Vésale (1514-1564) révolutionne la médecine de son temps en affirmant qu'il

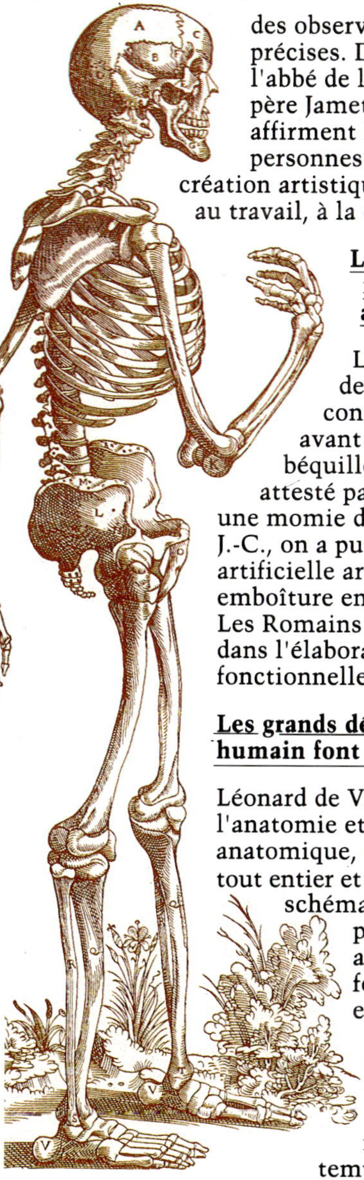

Il ne suffit pas d'étudier les œuvres de Galien pour arriver à la connaissance du corps humain. «Touchez vous-mêmes avec vos mains et croyez-les» enseigne Vésale à ses élèves, qui n'exclut aucune investigation : autopsies, dissections de cadavres d'hommes et d'animaux. Pour lui, on ne comprend rien à l'anatomie sans une connaissance approfondie du squelette, qu'il a représenté ici vu de profil.

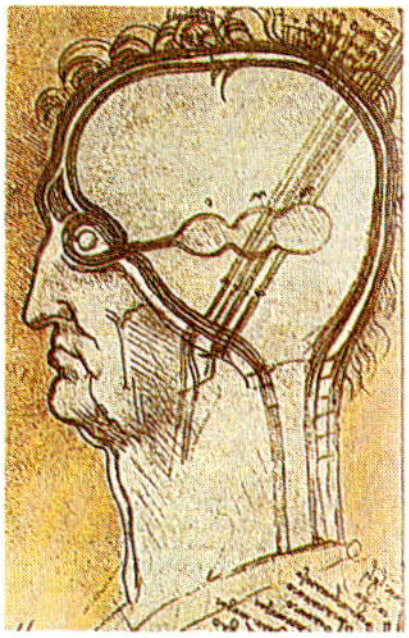

Léonard de Vinci, pour qui les attitudes du corps sont «la clé d'une représentation précise des mouvements de l'âme», pense aussi qu'un peintre ne peut bien représenter le corps humain sans l'avoir étudié. Parmi ses nombreux dessins anatomiques, cette remarquable représentation de l'œil et du mécanisme de la vision.

n'existe qu'un seul livre qui puisse livrer avec exactitude des informations sur le corps humain : le corps humain lui-même. Il publie à Bâle, en 1543, son grand traité médical *l'Anatomie du corps humain (De Humani Corpori Fabrica).*

En 1628, William Harvey (1578-1657), médecin anglais, publie sa découverte du mécanisme de la petite et de la grande circulation. Son livre fait l'effet d'une bombe. Il constituait une réfutation définitive des théories de Galien.

Parce qu'il affirme que le même sang coule indéfiniment dans notre corps, William Harvey est considéré comme fou par ses contemporains.

Ambroise Paré, père de la chirurgie moderne, premier grand réparateur et homme de cœur

Devenu barbier-chirurgien en 1536, Ambroise Paré est successivement chirurgien de Henri II, de François II, de Charles IX et de Henri III. Considéré comme le père de la chirurgie moderne, il invente la méthode de ligature des artères qu'il substitue à la traumatisante cautérisation lors d'amputations. Il réalisa des prothèses fonctionnelles en substituant le cuir bouilli aux lourdes pièces d'armurerie.

Ambroise Paré devient chirurgien sans avoir jamais fréquenté l'université. Il acquiert son expérience et sa renommée en opérant sur les champs de bataille. Dans son traité *Une chirurgie universelle,* il propose une infinité d'appareils pour remplacer les membres disparus. «Jambes de pauvres» ou «jambes de riches», on se fait appareiller suivant ses besoins et ses moyens. Les prothèses des pauvres sont simples et construites en bois. Pour les riches (page de droite), une armure métallique dissimule un pilon articulé au genou et à la cheville, doté d'un mécanisme ingénieux mais très pesant.

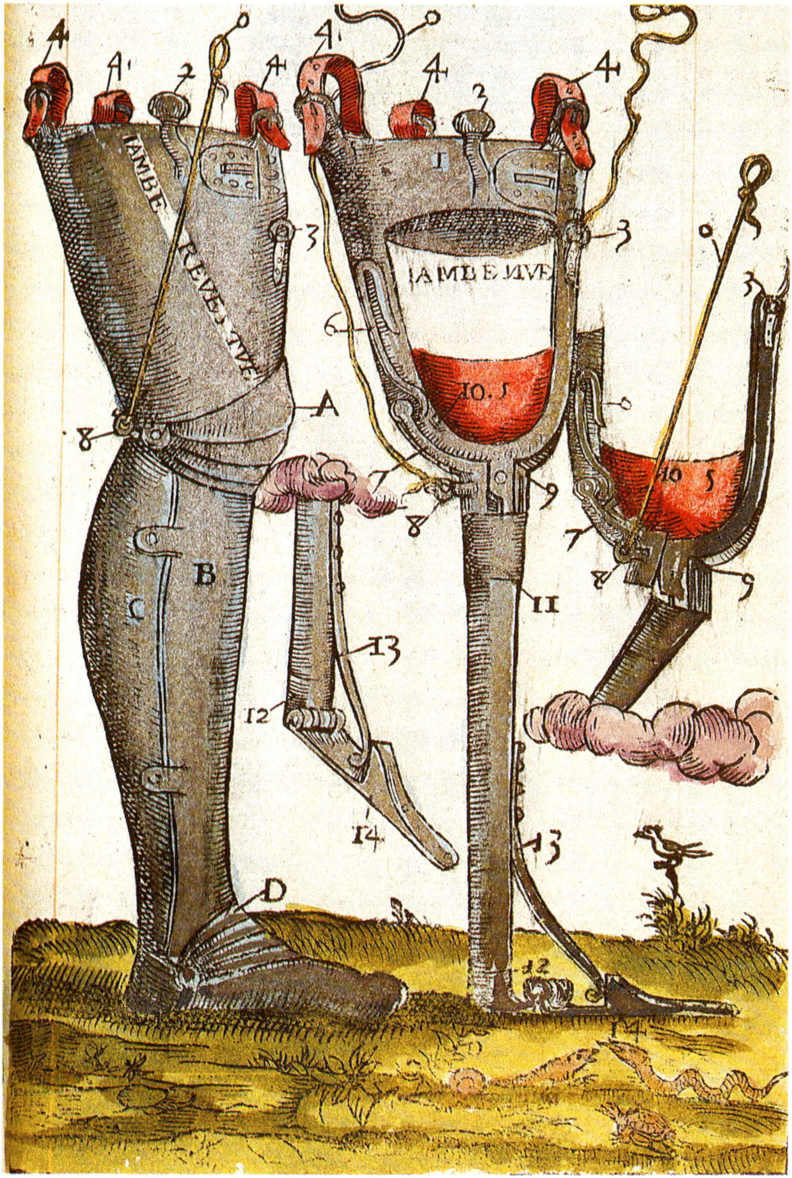
IAMBE
A
B
C
D

Ce chirurgien des rois n'hésite pas à mettre tout son art au service du peuple, comme une anecdocte en témoigne. Le roi, gravement malade, lui ayant dit : «J'espère que tu vas mieux soigner le roi que les pauvres de l'hôpital», Ambroise Paré lui rétorque :
«Non, Sire, c'est impossible.
— Et pourquoi ?
— Je soigne les pauvres comme des rois.»

Aux progrès de la médecine s'ajoutent, dès le XVIIIe siècle, des techniques éducatives qui vont réduire le handicap

Diderot avec *la Lettre sur les aveugles à l'intention de ceux qui voient* (1749) est l'un des premiers à attirer l'attention du monde scientifique sur la supériorité des capacités sensorielles des aveugles.

C'est à Valentin Haüy que l'on doit l'ouverture de la première école pour aveugles à Paris, en 1784. Charles Michel, abbé de l'Epée, ouvre en 1755, et pour la première fois au monde, une école destinée aux «sourds et muets». «Vous êtes un créateur d'âmes, je ne suis qu'un inventeur de lunettes», écrit V. Haüy à l'abbé de l'Epée.

La découverte de l'asepsie et de l'anesthésie accélère les progrès de la chirurgie réparatrice

L'action du chirurgien a longtemps rencontré un grave obstacle : la douleur du patient. C'est à un chirurgien-dentiste du Connecticut, Horace Wells, que l'on doit les

Valentin Haüy et l'abbé de l'Epée pensent que l'infirme peut accéder «aux mêmes biens» que les valides. Dans ce but, ils inventent des pédagogies adaptées et fondent des institutions spécialisées. Une autre grande figure de la cause des aveugles, Maurice de la Sizeranne, proclame, un siècle plus tard, que la lumière de l'aveugle, c'est le travail. En 1843, il ouvre le premier atelier de tissage.

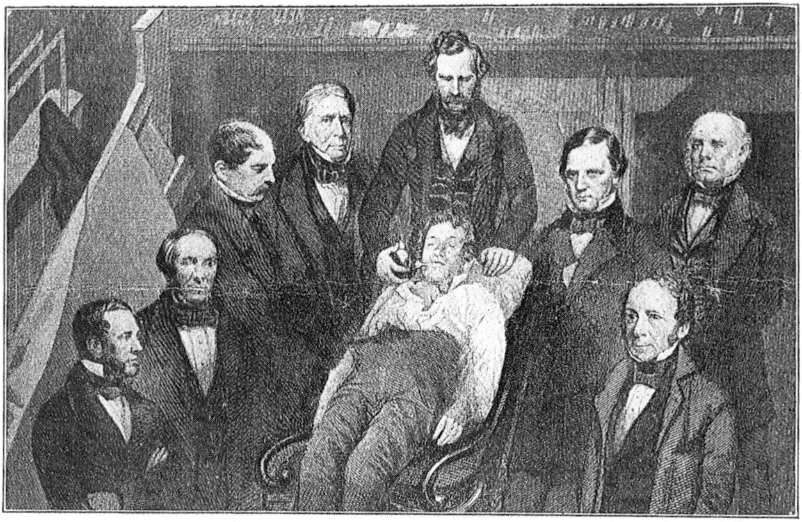

premiers véritables essais d'anesthésie. Le 11 novembre 1844, alors qu'il vient d'assister à une conférence sur les effets du protoxyde d'azote, Horace Wells se fait arracher une dent après avoir inhalé ce gaz. A la fin de l'opération, il déclare : «Je n'ai rien senti. Voilà une ère nouvelle dans l'art du dentiste.» D'autres poursuivront son action, Morton en particulier, avec l'éther d'abord, puis le chloroforme.

L'anesthésie permet désormais de pratiquer de véritables opérations chirurgicales et l'asepsie réduit les risques d'infection Les intuitions de Semmelweiss, qui en 1847 à l'Hôtel-Dieu de Vienne, avait imposé aux étudiants venant assister à des autopsies de se laver les mains dans une solution de chlorure de calcium avant de procéder aux accouchements, vont être vérifiées par Pasteur en 1865. C'est en effet ce dernier qui découvrit le rôle joué par les micro-organismes dans les maladies.

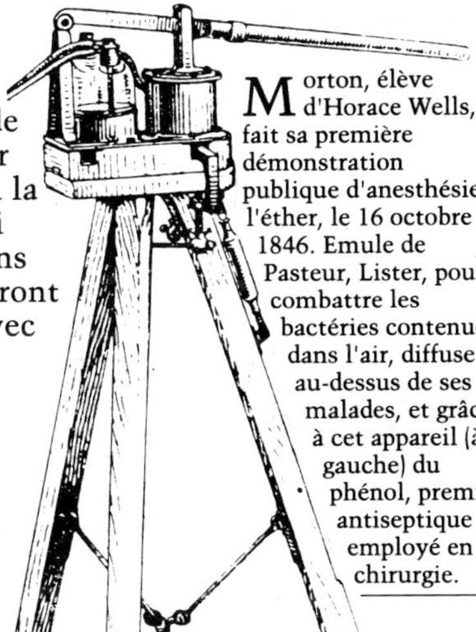

Morton, élève d'Horace Wells, fait sa première démonstration publique d'anesthésie à l'éther, le 16 octobre 1846. Emule de Pasteur, Lister, pour combattre les bactéries contenues dans l'air, diffuse au-dessus de ses malades, et grâce à cet appareil (à gauche) du phénol, premier antiseptique employé en chirurgie.

La radiologie offre la possibilité d'un regard sur les sources de la vie

Le premier à fixer par la photographie les structures du corps est Conrad Röntgen. Le 8 novembre 1895, il découvre un type de rayons qu'il baptise rayons X.

En 1896, Henri Becquerel prolonge la recherche en matière de rayonnement par sa découverte de la radioactivité nucléaire. Il allait inspirer ainsi à Marie Sklodowska-Curie sa thèse de doctorat ès sciences sur la radioactivité. Le pas décisif sera franchi avec la découverte en 1934 de la radioactivité artificielle par Frédéric Joliot et Irène Joliot-Curie.

La généralisation de la vaccination, la découverte de la pénicilline et des antibiotiques, toutes ces victoires de la médecine au XIXe siècle et au début du XXe siècle ont donné des chances nouvelles à la réparation et à la compensation du handicap.

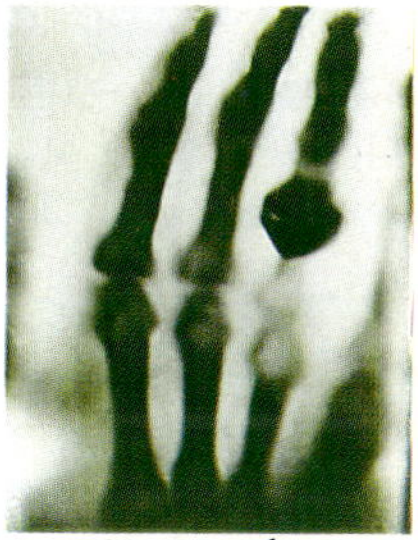

Le 22 novembre 1895, Röntgen réussit à impressionner une plaque photographique par un rayonnement ayant traversé une partie d'un organe. Sa femme prête sa main pour cette première expérience. La radiologie est née et va bientôt se pratiquer de manière courante. En même temps se développe la vaccination obligatoire.

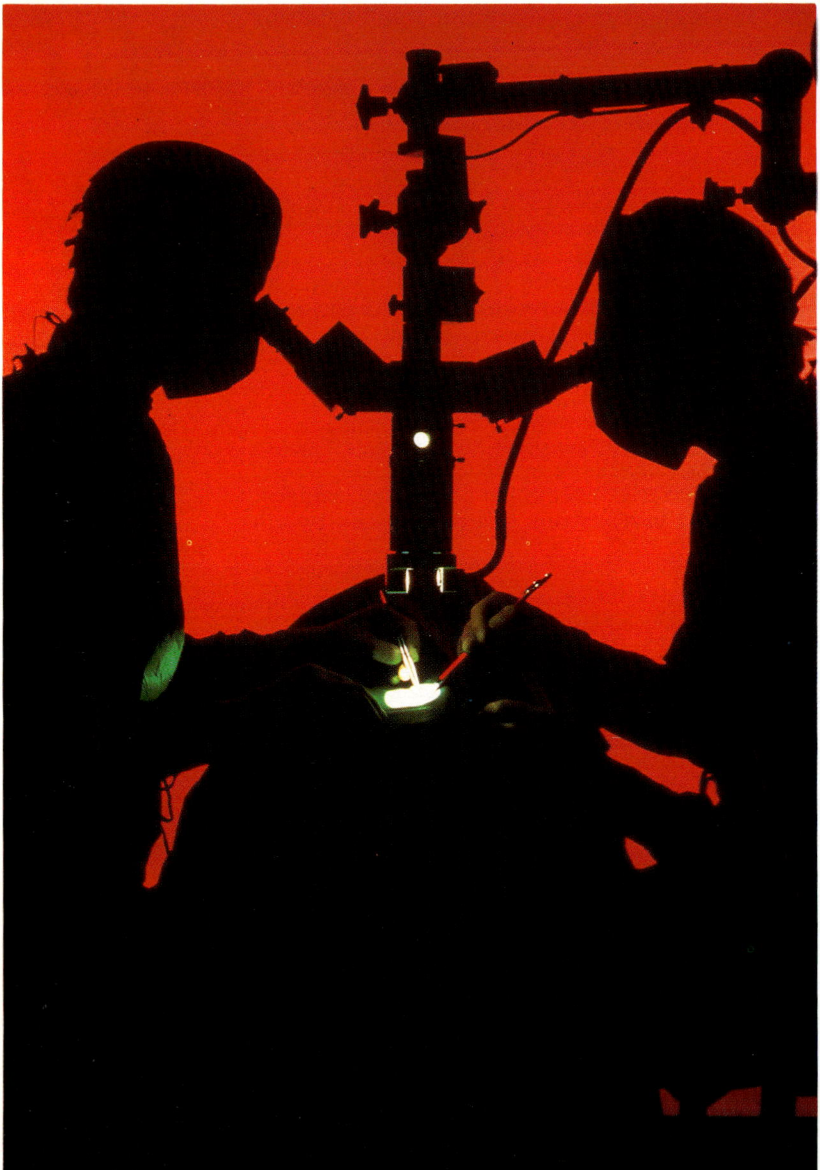

Le XXe siècle voit se multiplier les espoirs et les prouesses en matière de réparation, et ce parfois jusqu'à la provocation. Le «droit» des personnes handicapées se constitue lentement. Chaque jour apparaissent aussi des risques supplémentaires et de nouvelles causes de handicaps.

CHAPITRE II
L'HOMME CHANGÉ PAR L'HOMME

Les déficiences de naissance, telles que le nanisme, l'absence de membres, la trisomie 21, existent toujours. Les recherches actuelles permettent d'espérer une diminution de leur nombre.

Dans le monde, 500 millions de personnes environ subissent une forme ou une autre de handicap. En Europe, elles sont plus de 30 millions, en France 5 millions.

Le handicapé, c'est encore, mais de moins en moins, l'homme mal formé

Les déficiences congénitales, mieux connues, mieux détectées et mieux soignées, sont chaque année en diminution. Certains fléaux, comme la lèpre, la poliomyélite, le trachome, ont disparu des pays industrialisés et devraient être éradiqués des pays en voie de développement.

Plus de 3 500 affections génétiques ont été à ce jour répertoriées qui concernent 5% des naissances. Mais la médecine préventive, la vaccination (contre la rubéole, la poliomyélite), la surveillance prénatale et néo-natale contribuent à éviter nombre de malformations et de pathologies.

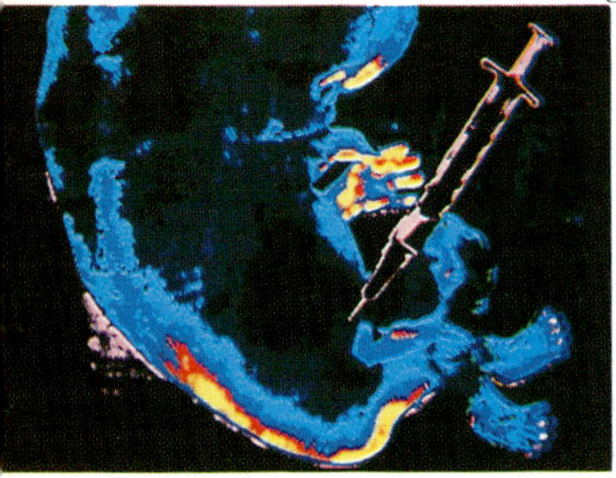

Notre époque est moins confrontée à la difformité qu'au traumatisme. Le nombre des personnes accidentées est en progression constante, et la gravité des séquelles s'alourdit.

Les catastrophes naturelles et technologiques, les séismes, les violences et les guerres apportent leur quote-part d'accidents et de mutilations. Enfin, la malnutrition est la source du handicap de millions d'enfants des nations pauvres.

Une logique paradoxale : l'allongement de la durée de la vie entraîne l'augmentation du nombre des personnes handicapées

La chirurgie et la médecine sauvent, réparent et prolongent la vie, tant en son commencement, avec la médecine néo-natale, qu'à l'âge adulte ou

Guidé par l'échographie, le chirurgien prélève, à travers la paroi abdominale, le liquide amniotique dans lequel baignent les cellules desquamées du fœtus, que l'on mettra en culture afin de pouvoir en examiner les chromosomes. On peut aussi (photo de gauche) ponctionner le sang fœtal dans la veine ombilicale.

Dans les sociétés industrielles d'aujourd'hui, les conditions de travail, l'automobile, le sport, les diverses pollutions sont à l'origine de lésions du système nerveux et de l'appareil locomoteur. A l'opposé, dans les pays du tiers monde, c'est surtout la pauvreté qui entraîne de nombreuses malformations.

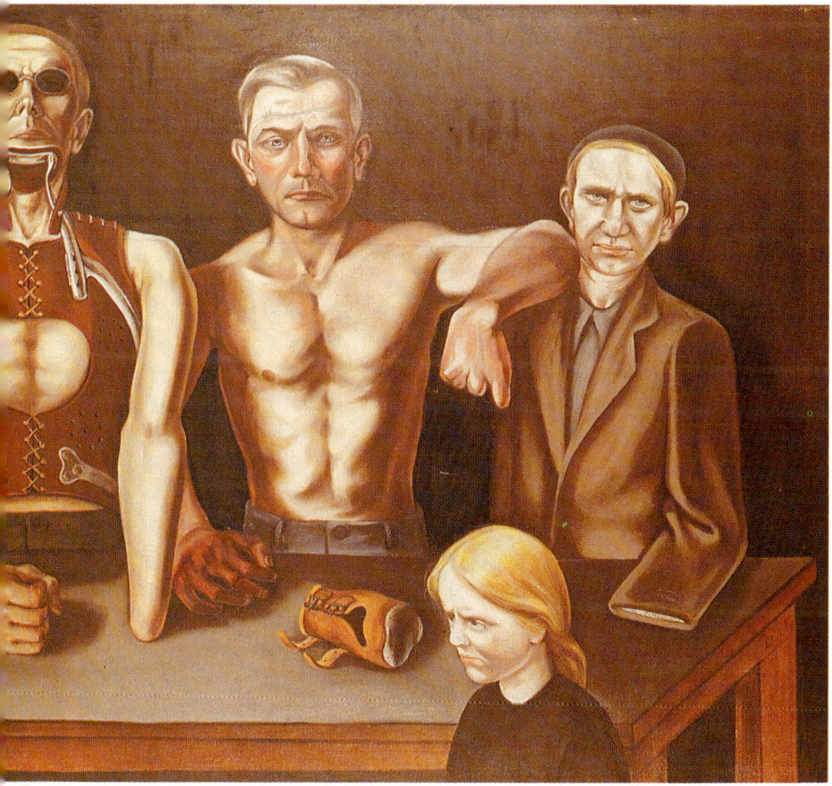

Le peintre Pierre-Auguste Renoir, en juin 1912, est frappé d'une crise de paralysie. Il a 71 ans, mais sa vie d'artiste ne se termine pas pour autant. En dépit de ses handicaps, il continue à peindre, assis dans son fauteuil roulant. Conservant la maîtrise totale de son art, il utilise des «aides techniques» qui lui permettent de tenir son pinceau au bout de ses doigts déformés par l'arthrite.

que dans la vieillesse, avec la gériatrie. La médecine d'urgence, la réanimation maintiennent en vie des malades qui viennent souvent accroître le nombre des «handicapés» de tous âges.

L'espérance de vie dans les pays développés s'est allongée : 29 ans sous la Révolution, plus de 70 ans aujourd'hui. A partir de 65 ans, une personne sur cinq est menacée de perte d'autonomie grave et de divers handicaps. Problème accru pour les personnes déjà déficientes qui, elles aussi, ont une vie de plus en plus longue, le vieillissement les menaçant d'une marginalisation supplémentaire.

La réparation a bénéficié des révolutions scientifique et technologique d'un siècle particulièrement fécond

Durant les quarante dernières années, la médecine a connu des changements plus profonds que pendant les trente siècles précédents. Le XXe siècle a produit une prodigieuse quantité d'inventeurs, de découvreurs. On ne peut énumérer toutes les étapes parcourues pour la réparation des handicaps : généralisation des vaccinations, perfectionnement de l'anesthésie, découverte des antibiotiques et progrès de la chimiothérapie, découverte des groupes sanguins et tissulaires rendant possible transfusion sanguine et greffes d'organes, révolution génétique...

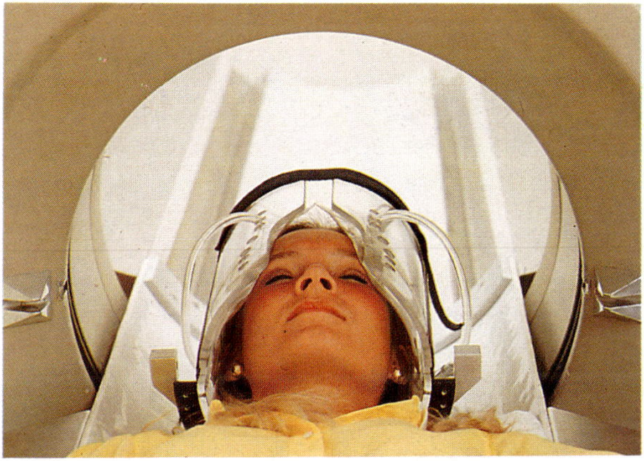

En 1979, deux ingénieurs anglo-saxons, Godfrey Hountfield et Allan MacLeod Cormack, découvrent le «scanner» ou tomodensitomètre, qui va bouleverser la pratique médicale. Cette fois, l'émetteur de rayons X tourne autour de l'axe du corps. Les images enregistrées par des centaines de détecteurs, lors de chaque balayage, sont intégrées grâce à des procédés mathématiques. On obtient des coupes d'organes en série qui en retracent la représentation dans l'espace. C'est d'abord dans le diagnostic des lésions du cerveau que la scanner s'est imposé. Désormais, on l'utilise pour les investigations du corps entier.

Désormais fondée sur des lois scientifiques, la médecine a bénéficié de transferts technologiques issus de la recherche fondamentale. On peut imaginer à terme les retombées, en imagerie médicale, de la récente découverte des propriétés supraconductrices de certaines céramiques normalement isolantes.

L'imagerie médicale rend le corps humain transparent et facilite le diagnostic

Etablir la carte des vaisseaux, voir le cœur battre en trois dimensions, démasquer une tumeur ou

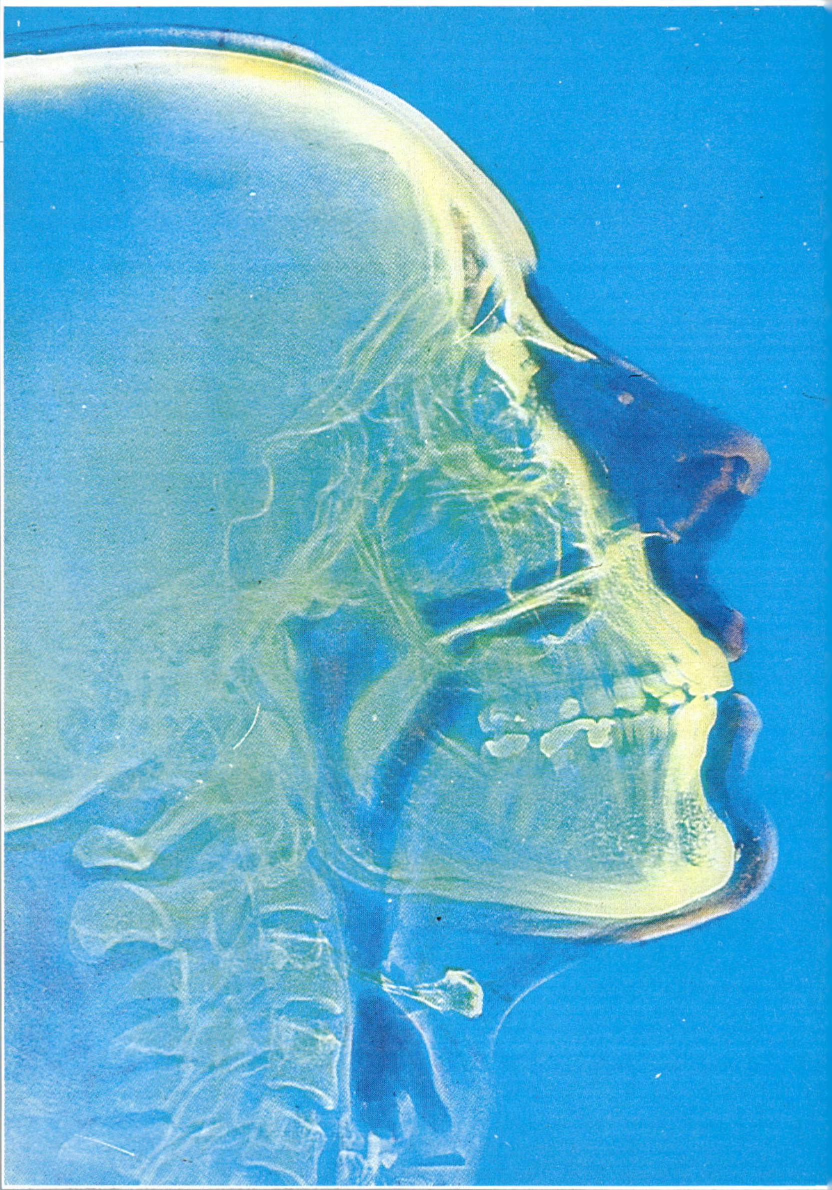

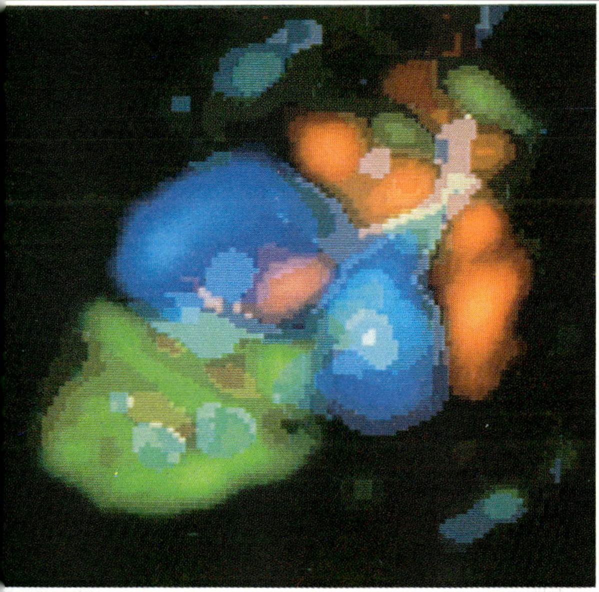

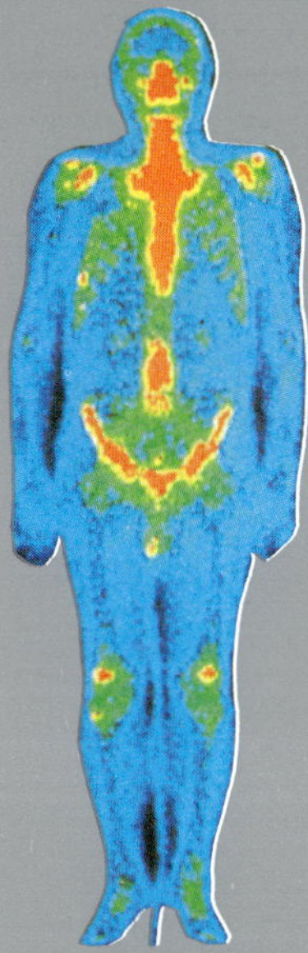

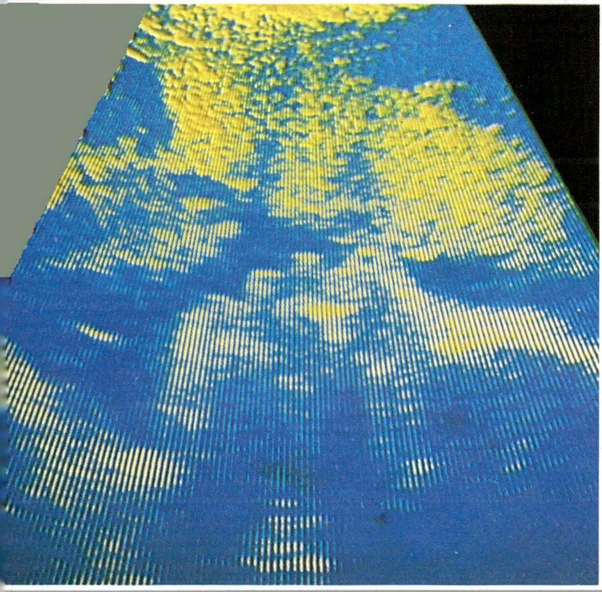

Marqueurs, chiffres et sons

Pour améliorer l'interprétation et la qualité des clichés, la radiographie classique (à gauche, radio d'un crâne) a d'abord utilisé des «marqueurs radioactifs» : la scintigraphie (ci-dessus, un corps entier). La scintigraphie numérisée précise ces informations grâce à un traitement informatique de l'image (ci-dessus à gauche, scintigraphie numérisée du cœur). Pour l'échographie, c'est le temps de retour dc l'écho qui renseigne sur le relief des organes (ci-contre, la tête d'un fœtus de sept mois).

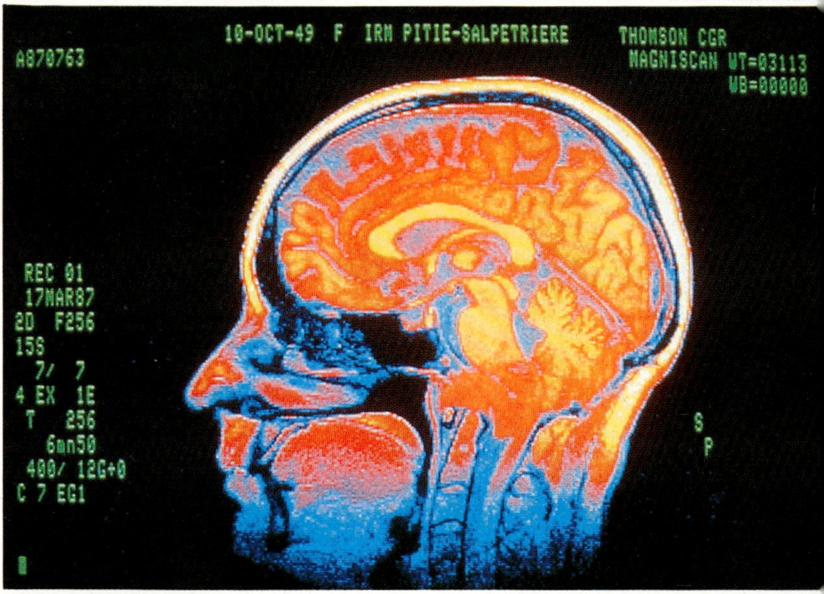
10-OCT-49 F IRM PITIE-SALPETRIERE
THOMSON CGR
A870763
MAGNISCAN WT=03113
WB=00000
REC 01
17MAR87
2D F256
15S
7/ 7
4 EX 1E
T 256
6mn50
400/ 12G+0
C 7 EG1
S
P

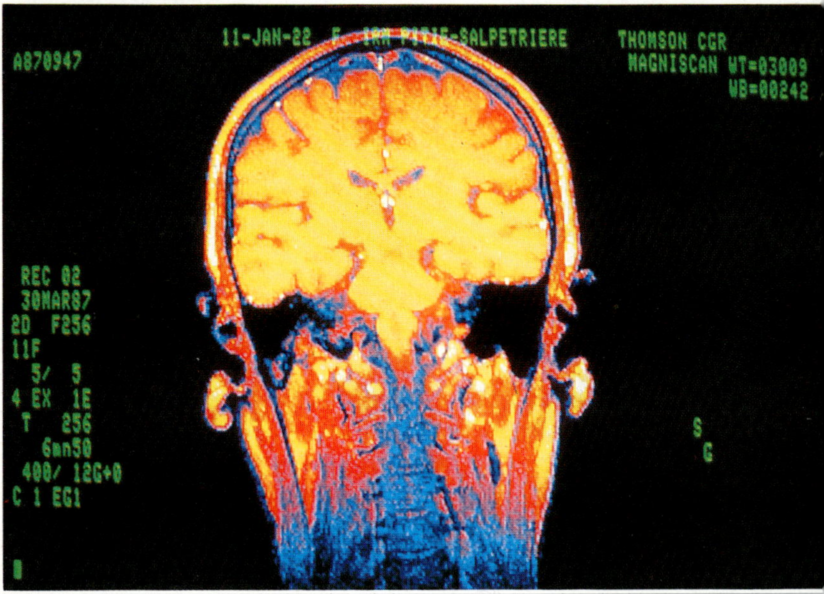
11-JAN-22 F IRM PITIE-SALPETRIERE
THOMSON CGR
A870947
MAGNISCAN WT=03009
WB=00242
REC 02
30MAR87
2D F256
11F
5/ 5
4 EX 1E
T 256
6mn50
400/ 12G+0
C 1 EG1
S
G

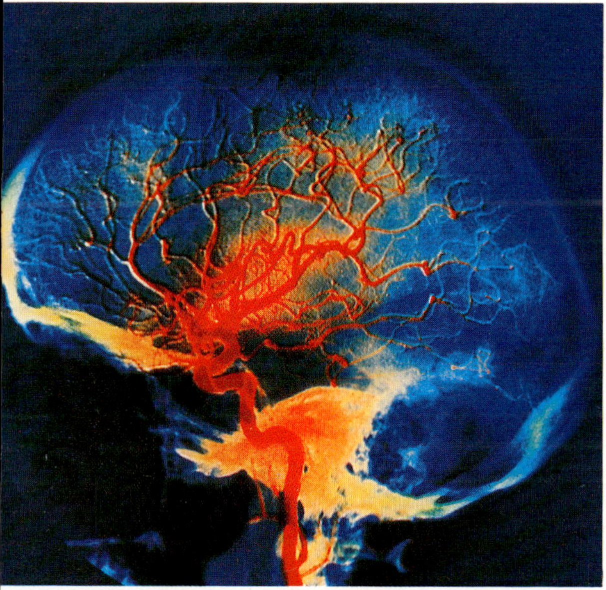

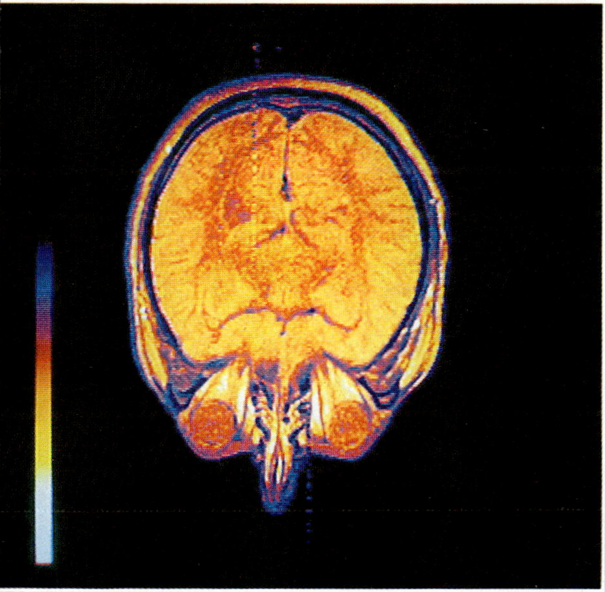

Angiographie, scanner et I.R.M.

Le cerveau est de mieux en mieux connu. Après injection dans l'artère d'un produit opaque aux rayons X, l'angiographie met en évidence le système de vascularisation cervicale et ses éventuelles anomalies (ci-contre, à droite). Le scanner reconstruit le cerveau par coupes et permet de localiser de possibles lésions. L'Imagerie à résonance magnétique nucléaire (I.R.M.), apparue en 1980, associe exploration physique et investigation chimique du corps. Fer de lance de l'Imagerie actuelle, elle permet de visualiser les troubles fonctionnels et les dérèglements des cellules elles-mêmes. Elles concernent exclusivement les noyaux d'hydrogène des tissus, ignorant les os qui font écran ; il n'existe donc plus comme avec le scanner, de zones d'ombre. C'est ainsi que l'I.R.M. peut déceler précocement des tumeurs dans le système nerveux, des plaques de sclérose... En haut, à gauche une coupe sagittale du cerveau, en bas, une coupe frontale (ci-contre, une coupe horizontale).

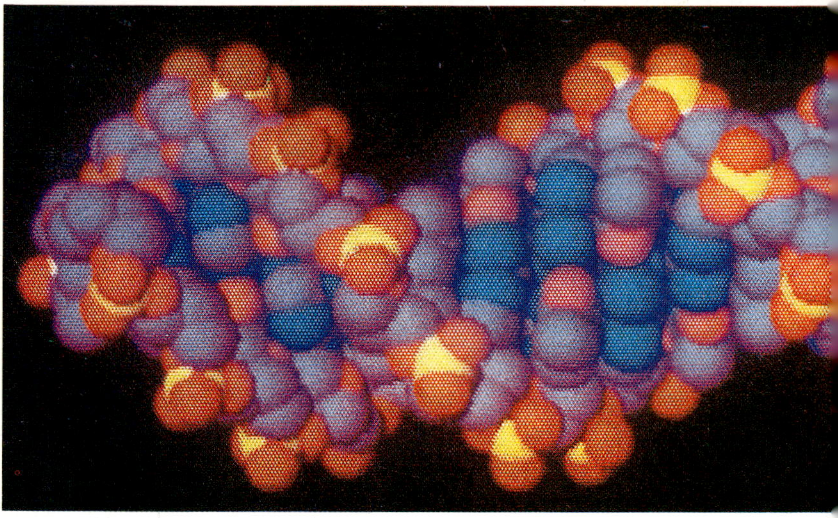

Déchiffrer le code de l'A.D.N., c'est décrypter trois milliards de caractères pour identifier les responsables des maladies génétiques et les voir disparaître un jour. Celles-ci peuvent être dues à l'absence ou au dysfonctionnement d'un gène, par vieillissement, intoxication, radiations ou mutation naturelle. La double hélice de l'A.D.N. est ici représentée en image de synthèse.

une malformation à ses débuts, apprécier l'effet d'une thérapeutique : l'imagerie médicale fournit depuis quinze ans d'incomparables outils de diagnostic et de dépistage précoce, capables de déceler une lésion avant même l'apparition de signes cliniques.

Maintenant, avec l'aide de l'informatique et de la numérisation de l'image, les nouvelles machines allient des techniques classiques (comme les rayons X pour le scanner, les ultrasons pour l'échographie, la photographie infrarouge pour la thermographie) ou utilisent les propriétés des noyaux nucléaires pour l'Imagerie à résonance magnétique nucléaire. Elles mettent en coupes et en mémoire le corps humain, numérisent ses organes, ses vaisseaux, ses tissus et ses fonctions.

La génétique déchiffre l'homme et ouvre la voie à de nouvelles formes de réparation

En 1950, les Américains Francis Crick et James Watson recevaient le prix Nobel de médecine pour leur découverte de la structure de l'A.D.N., élément de base de l'être vivant.

Deux chercheurs californiens identifient pour la

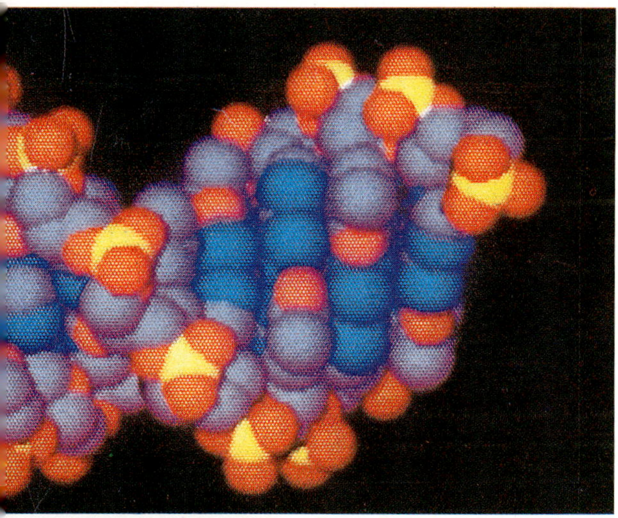

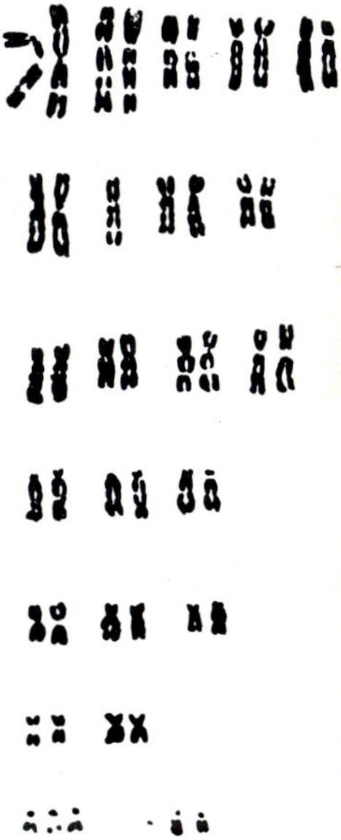

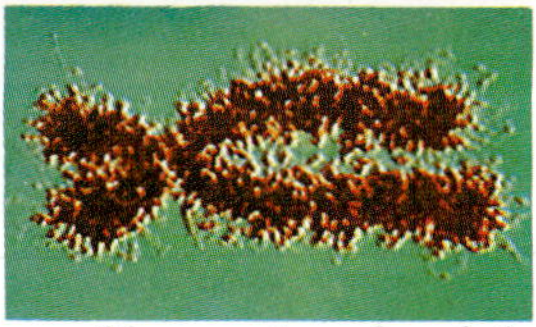

première fois en 1979 un gène (c'est-à-dire une portion de chromosome ayant une fonction chimique précise) responsable d'une malformation du globule rouge. Aujourd'hui, les savants savent isoler les gènes, les dupliquer, les décrypter, les synthétiser.

Ce ne sont plus quelques gènes qui sont localisés et détectés, mais plus d'un millier, parmi lesquels ceux de la mucoviscidose, de la myopathie de Duchenne, de certaines démences.

Déjà se discutent les modalités de véritables thérapeutiques génétiques

L'identification des gènes responsables devrait induire celle des mécanismes intimes de la maladie... Travail immense quand on sait que chaque gène est composé de multiples bases moléculaires, un million pour la maladie de Duchenne, par exemple : la génétique n'en est qu'à ses débuts.

Pourra-t-on bientôt suppléer la fonction

En 1960, on repère au microscope le chromosome supplémentaire responsable du mongolisme ou trisomie 21. Sur ce cariotype, où les chromosomes sont toujours par paires, il apparaît dans le groupe du bas.

chimique défaillante par un simple traitement, diagnostiquer des prédispositions aux maladies génétiques cardiovasculaires, greffer à la place du gène anormal, à l'intérieur de la cellule, une copie de gène normal assurée d'une bonne programmation ? Espoirs, mais aussi inquiétudes éthiques devant les possibles dérives des manipulations génétiques.

Chaque personne est unique : il est donc difficile de lui greffer les tissus ou les organes d'autrui

Le Français Jean Dausset découvre la présence de marqueurs biologiques dans le sang, mais aussi dans toutes les cellules de l'organisme.

C'est un petit fragment de chromosome, le H.L.A. *(human leucocyte antigen)* qui remplit cette fonction de définition de l'individu. Il fait la distinction entre le «soi» et le «non-soi», reconnaît ce qui lui est étranger et met en place un système de défense.

Cette découverte a permis de comprendre les réactions de rejet des greffes et d'organiser la biocompatibilité des transplantations en recherchant des individus dont les marqueurs biologiques sont le plus proches possible de ceux du receveur. La science, ici, rejoint les théologiens, les philosophes et les poètes.

Les prouesses de la chirurgie réparatrice

Son savoir-faire s'étend à des organes jusqu'ici intouchables comme le cœur, les vaisseaux, les organes des sens et même le cerveau, grâce souvent à la microchirurgie.

Le laser, utilisé d'abord dans les laboratoires de physique et dans l'industrie, est devenu l'outil chirurgical du futur. Il peut trancher et transpercer avec une précision extraordinaire, détruire les tissus, coaguler, souder, déboucher, cautériser,

L'unicité de la personne humaine, mise en évidence par Jean Dausset grâce à l'hématologie et à la biologie moléculaire, est affirmée depuis des siècles par les théologiens et les philosophes. Pour Joseph-Louis Lebret : «Chaque homme, le plus évolué, comme le plus primitif, chaque homme, comme moi, est porteur de cette possibilité de connaissance, de cette réalité de liberté, de cette capacité d'amour. L'autre, avec son mystère, avec son destin, non pas dans ses facultés, dans ses actions [...], mais dans sa nature, m'est égal. L'autre, tout autre, est toujours quelqu'un d'immense à côté de moi.»

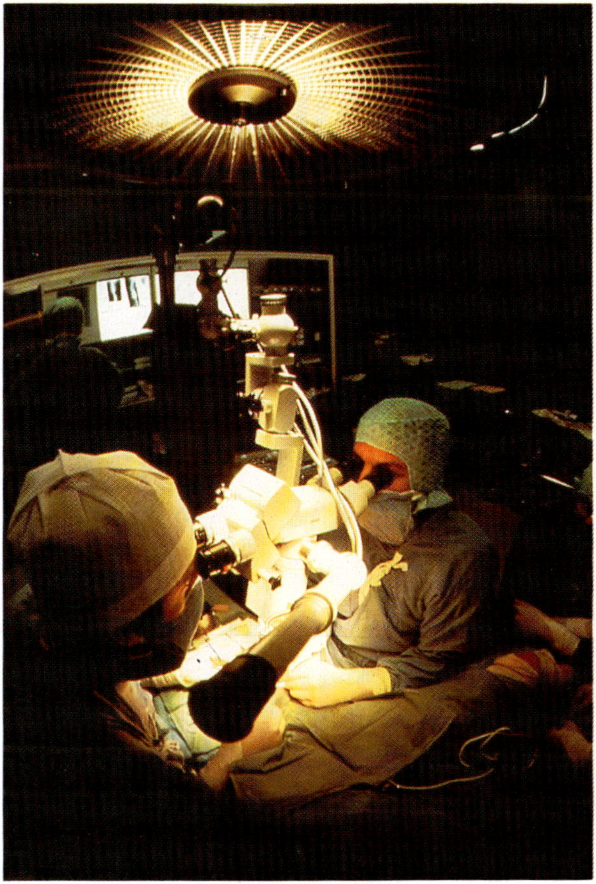

Le chirurgien rétablit non seulement la continuité osseuse, musculaire ou cutanée d'un membre sectionné, mais aussi sa continuité vasculaire et nerveuse.

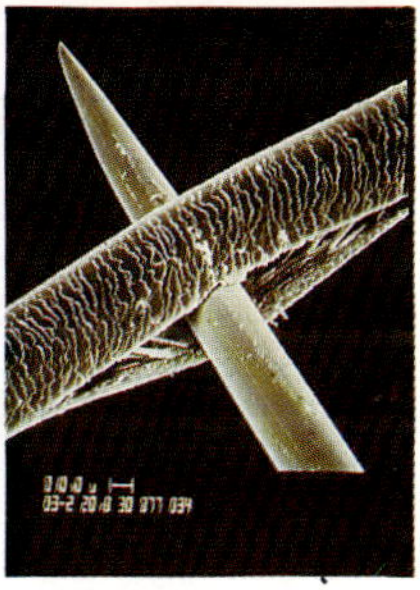

C'est toujours l'œil qui guide la main, mais entre eux s'interpose de plus en plus souvent le microscope. Ici, une aiguille traverse un cheveu. On a pu dire des chirurgiens qu'ils sont de véritables dentellières.

souvent sans qu'il soit même besoin d'anesthésier. Utilisé massivement en ophtalmologie, il remplace de plus en plus le bistouri classique pour diverses ablations, de reins, d'estomac...

Les biomatériaux remplacent les tissus et les organes déficients du corps humain

Qu'il s'agisse de polymères, d'alliages métalliques, de céramiques ou de matériaux composites, ces biomatériaux sont, depuis 1950, de plus en plus utilisés par la médecine et la chirurgie réparatrice. En contact direct avec le système vivant, ils améliorent et parfois même suppléent les fonctions déficientes de l'organisme. Cathéters, valves cardiaques, prothèses vasculaires, prothèses implantables de la hanche ou du genou, dérivation artérielle ou veineuse, peau artificielle, lentilles de contact, implants intraoculaires : la liste des

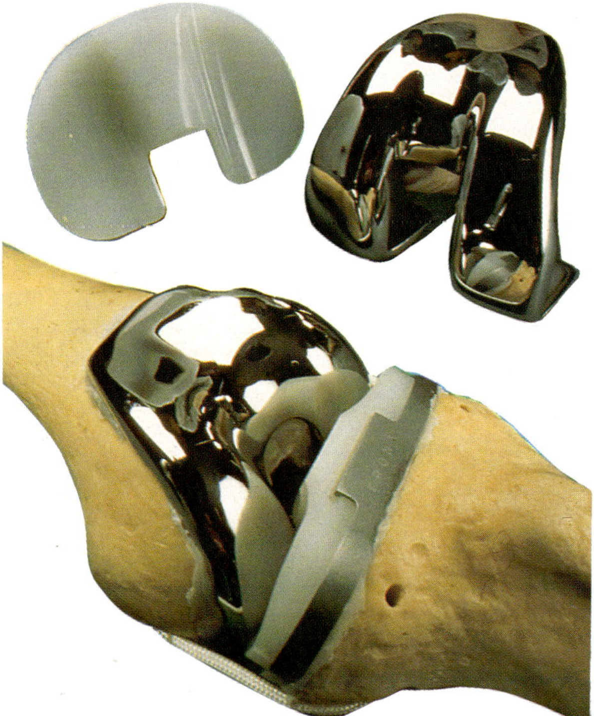

Avec les biomatériaux, les scientifiques ont pu élaborer de nombreuses pièces de rechange pour le corps humain :
— implants dentaires sous forme de pivots de titane ;
— lentilles souples à base de caoutchouc, de silicone ou d'hydrogel ;
— implants osseux en polymères renforcés par des fibres de carbone ;
— bioverres utilisant des composants de l'os naturel ;
— articulations en alliage chrome-cobalt ou en titane (comme pour la prothèse charnière à gauche, dont deux éléments sont détaillés).
Quelques biomatériaux établissent des liaisons avec les tissus environnants, stabilisant l'implant ; d'autres sont peu à peu dégradés.

dispositifs d'assistance, partiellement ou entièrement constitués de ces «matériaux de la vie» est de plus en plus longue. On leur demande d'abord des propriétés de compatibilité avec l'organisme humain, d'absence de réaction inflammatoire ou de réponse du système immunitaire et d'absence de toxicité.

Certains médicaments mettent un terme à des désordres qui conduisaient irrémédiablement au handicap

La réparation biochimique évite bien souvent l'intervention chirurgicale obligatoire auparavant. Il suffit, par exemple, d'absorber quelques comprimés de thyroxine pour compenser l'absence de fonctionnement de la glande thyroïde et juguler ainsi ses redoutables conséquences sur le

Toutes les articulations sont adaptées à chaque cas et réalisées sur mesure grâce à la «conception et fabrication assistées par ordinateur». Elles s'inspirent de la technologie aérospatiale de pointe.

Les propriétés des biomatériaux doivent répondre à des usages spécifiques ainsi qu'aux contraintes anatomiques. Ces implants mammaires, utilisés surtout après l'ablation du sein, sont en gel de silicone.

Les nains ont longtemps symbolisé les forces obscures de l'inconscient. Leur petite taille et leur conformation sont souvent dues au défaut de production d'une hormone dont la science commence à déceler le secret.

La tomographie par émission de positons est une méthode d'exploration fonctionnelle du corps. Après injection chez l'homme d'une molécule marquée par un émetteur, la caméra à positons produit des images tomographiques régionales et quantitatives de la distribution de cette molécule à l'intérieur du corps. Appliquée à l'étude du fonctionnement du cerveau (à droite), cette méthode permet de visualiser et de quantifier, point par point, le débit sanguin cérébral, la consommation régionale d'oxygène et de glucose ainsi que les différents neurorécepteurs.

développement de l'enfant et de son cerveau.

Ce pouvoir de réparation s'est encore accru ces dernières années avec la possibilité de reproduire, par les techniques du génie génétique, des hormones (comme l'hormone de croissance humaine) pour intervenir sur certaines formes de nanisme. La biochimie s'est attaquée aussi aux désordres complexes du cerveau, permettant des progrès majeurs dans les états anxieux et les dépressions sévères, mais encore trop partiels dans les désordres graves et évolutifs qui dissocient la personnalité (schizophrénie).

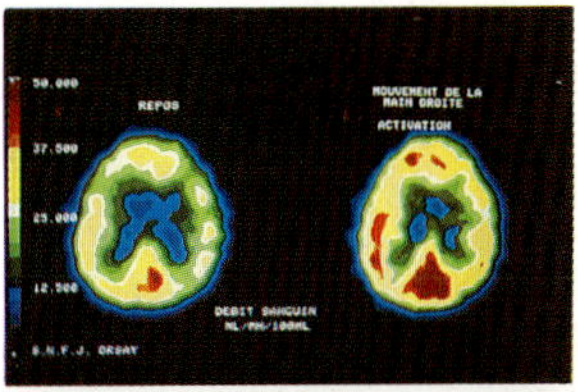

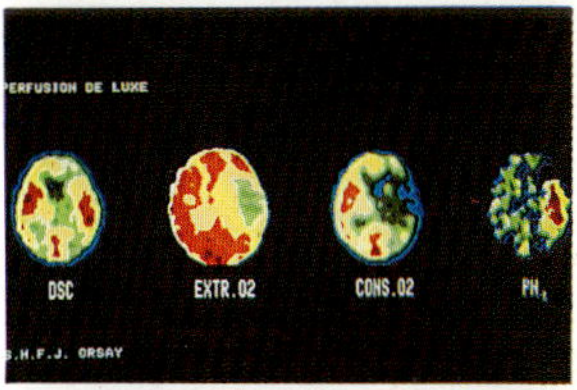

Des apports réguliers en protéines : une réparation souvent souveraine dans le tiers monde

Les conditions de vie en Occident ont fait oublier le caractère empirique des premières réparations. Mais si l'on observe ce qui se passe dans le tiers monde (ou parfois dans le quart monde), ce type de médecine est encore d'actualité.

Le plus insoutenable est que beaucoup de ces pathologies sont réversibles par l'absorption de riz, de lait, de protéines et de quelques vitamines.

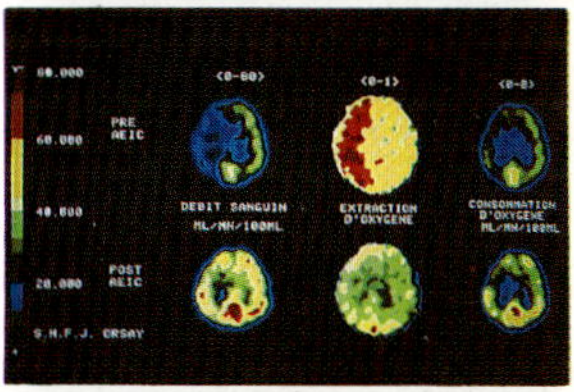

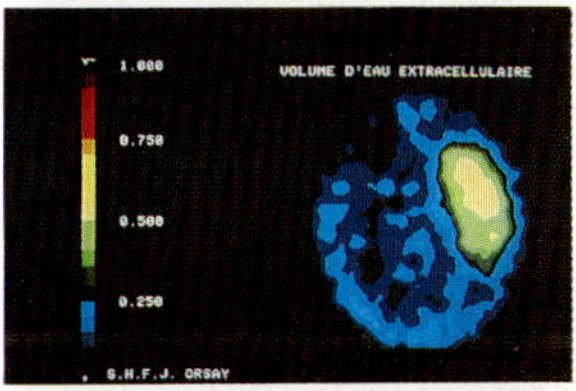

La technologie ne peut tout résoudre

Elle doit relever d'importants défis tels que ceux qui sont posés par la mucoviscidose, la myopathie, la maladie d'Alzheimer...

La disparité est grande entre les pays industrialisés et le reste du monde où les moyens disponibles sont utilisés en priorité pour la survie de l'ensemble de la population. Et, même dans les pays riches, se pose le problème du coût de la santé. Il convient donc de parler autant que de réparation, de rééducation, de prise en charge et de solidarité. L'homme handicapé ne peut se réparer seul.

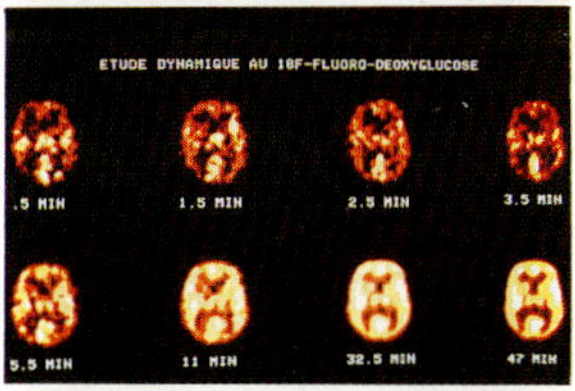

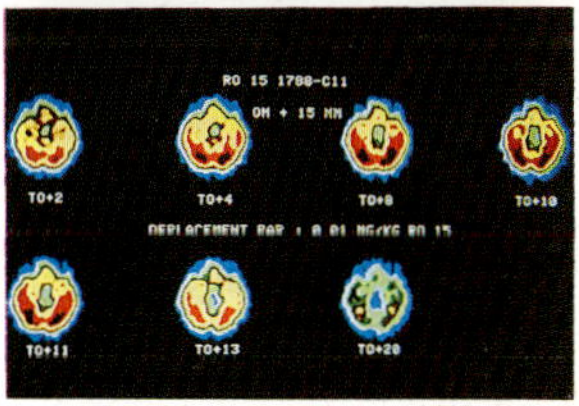

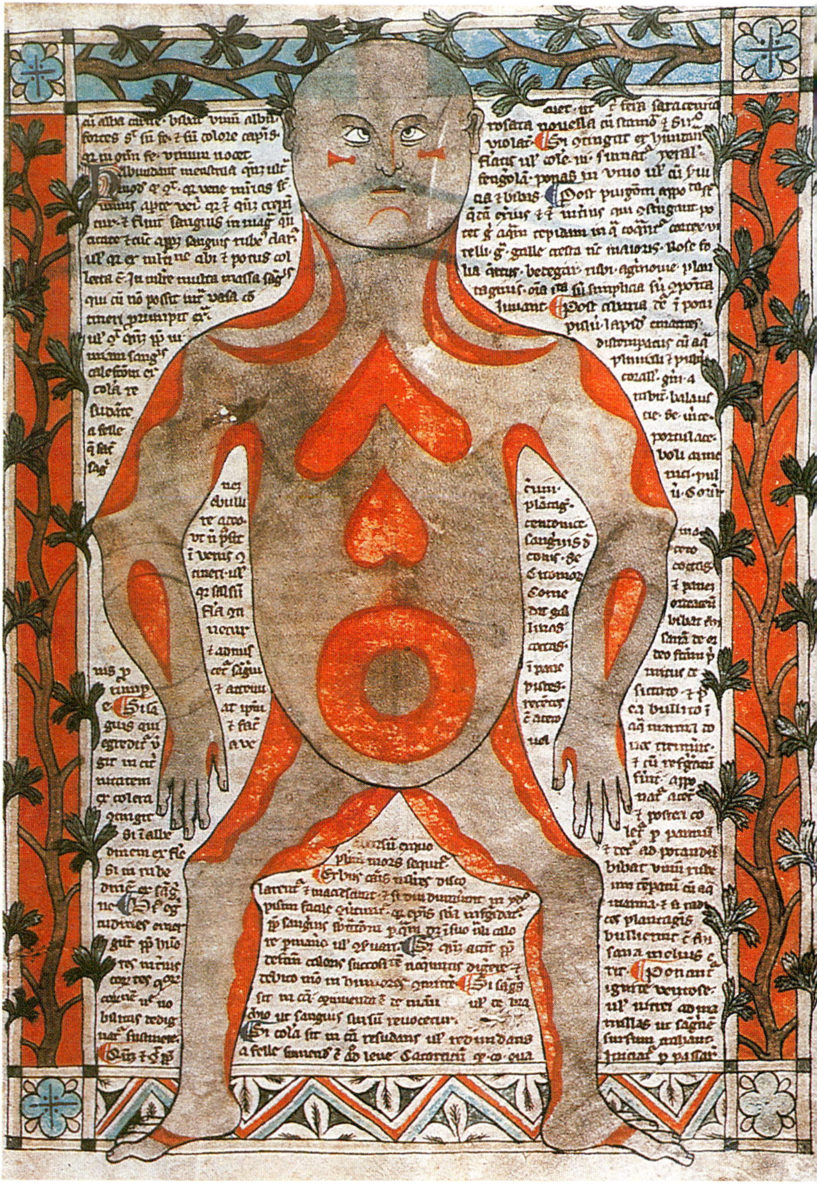

Sans le sang, le cœur, les poumons, le rein ou le foie, la machine humaine cesse de fonctionner. Les réparer, cela va être, suivant l'organe ou la fonction altérée : déboucher, extirper, rabouter, recoller. Ou encore, remplacer la pièce usée par une autre pièce, de conception artificielle, ou par un organe identique, prélevé ailleurs.

CHAPITRE III
LES FONCTIONS VITALES DE L'HOMME

N'en déplaise aux poètes, disait Claude Bernard, le cœur n'est qu'une pompe.

La découverte des groupes sanguins par Karl Landsteiner a permis, dès 1900, de remplacer le sang perdu dans des conditions de recevabilité adéquate

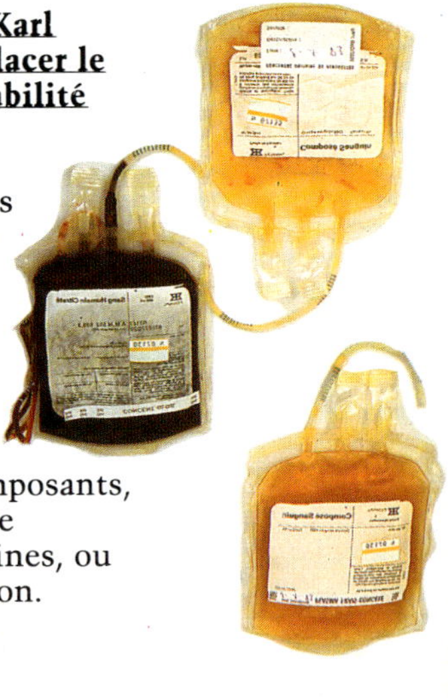

On sait ainsi compenser les grandes pertes de sang, inévitables dans les accidents ou dans certains actes chirurgicaux ; on sait réparer certaines anémies ; et même changer la totalité du sang en une exsanguino-transfusion susceptible d'éliminer une substance toxique ou un élément inacceptable par l'organisme.

On fractionne le sang en ses divers composants, usant là de culots de globules rouges, là de fractions constituées de plaquettes sanguines, ou de protéines indispensables à la coagulation.

On a également mis au point des sangs

Les greffes de moelle permettent de sauver un grand nombre de malades (des enfants essentiellement) atteints de déficiences immunitaires graves, les contraignant à vivre dans des bulles stériles dans l'attente d'un donneur compatible.

artificiels capables de prendre, à titre provisoire, la relève du transport de l'oxygène.

Lorsque la moelle des os est détruite, on peut désormais la remplacer par une greffe

La moelle osseuse produit chaque jour quelque 800 milliards de cellules qui assurent le transport de l'oxygène, luttent contre les infections ou empêchent les hémorragies. Lorsque la moelle a disparu des os, par suite de la rencontre d'un toxique ou d'un médicament, ou lorsqu'elle est volontairement détruite afin d'éliminer des cellules tumorales ou leucémiques qui l'envahissent, on peut pratiquer une greffe, à condition de trouver un donneur compatible. En France, 390 greffes de moelle ont été réalisées en 1985, contre une dizaine en 1973.

On sépare, par centrifugation, les différents constituants de cette véritable matière première qu'est le sang : plasma, albumine, globules rouges, globules blancs et plaquettes (en bas, à gauche). Certains d'entre eux peuvent être congelés pendant des mois. Le malade ne reçoit désormais que les composants dont il a besoin, à un degré de concentration supérieur à celui du sang total.

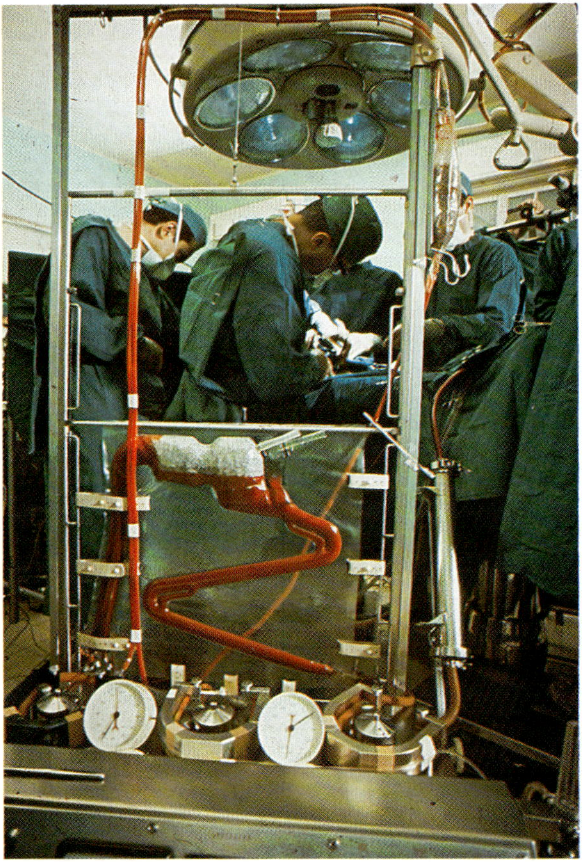

Grâce au «cœur-poumon» artificiel une véritable «circulation extra-corporelle» est assurée pendant les opérations cardiaques qui sont toujours de longue durée. Cet appareil qui supplée momentanément aux fonctions du cœur et du poumon permet au sang de continuer à oxygéner les cellules du corps et du cerveau. Sans l'oxygène du sang, les cellules sont détruites, provoquant des lésions, puis la mort.

Un stimulateur, comme celui-ci, se compose d'un générateur électrique, incorporé dans la poitrine ou l'abdomen du malade, et de deux fils terminés par des électrodes fixées sur le myocarde. Sa longévité atteint désormais une dizaine d'années.

La chirurgie cardiaque a fait ses débuts dans la «réparation» des malformations

La plupart d'entre elles peuvent être maintenant opérées, qu'il s'agisse de communication entre les oreillettes, entre les ventricules, d'une sténose (rétrécissement) des gros vaisseaux, ou de malformations plus compliquées.

La chirurgie cardiaque a fait également des progrès considérables dans le traitement des cardiopathies acquises, telles que l'angine de poitrine et l'infarctus. Une artère coronaire obstruée, incapable d'assurer une circulation et une oxygénation sanguine suffisante, peut être «pontée» à l'aide d'un fragment de veine de l'opéré, interposé entre l'aorte et l'artère malade, en aval de la sténose.

Une autre menace a été presque totalement éliminée en moins d'un quart de siècle, grâce à l'utilisation d'un appareil qui supplée artificiellement à une régulation cardiaque défaillante : le «stimulateur cardiaque».

Ce premier stimulateur cardiaque (au centre) fut branché en 1958 sur un homme de 76 ans. L'appareil pesait plusieurs dizaines de kilos et était placé sur une table roulante. Maintenant l'appareil, miniaturisé, est posé à l'intérieur du corps.

Le 19 décembre 1967 a lieu la première transplantation cardiaque effectuée au Cap, en Afrique du Sud

Pionnier de la chirurgie cardiaque, le docteur Christian Barnard osa l'impossible : prélever un cœur battant sur un sujet cérébralement mort. A partir de 1968, les tentatives se multiplient, les premières — exception faite de celle concernant le Français Emmanuel Vitria — soldées par des échecs dus au phénomène du rejet.

Il faut attendre 1981 et la découverte de la cyclosporine, qui améliore considérablement les conditions de tolérance des greffes, pour voir le taux de réussite atteindre 80% des transplantations.

Ce type de transplantation remédie principalement à certaines maladies du muscle cardiaque ; aux atteintes des artères coronaires non traitables par pontage ; enfin, aux lésions des valves cardiaques opérées trop tard. En France, 146 malades ont bénéficié d'une greffe cardiaque en 1985, 315 en 1986. En 1989, on pense en effectuer entre 500 et 600 par an.

Les valves cardiaques sont de fines membranes qui séparent les cavités du cœur. Leur fonction est,

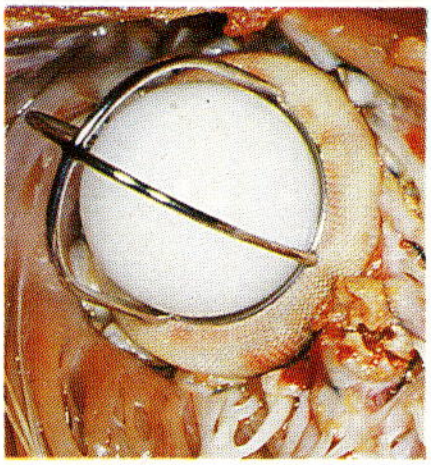

suivant les cas, de retenir ou de libérer le sang. Diverses maladies (rhumatismes, infections...) peuvent soit les durcir (sténose), soit les dilater (insuffisance). On les remplace maintenant par une prothèse mécanique, munie d'une bille (ci-dessus) ou d'un clapet.

Les recherches pour le «cœur artificiel» ont débuté il y a plus de trente ans

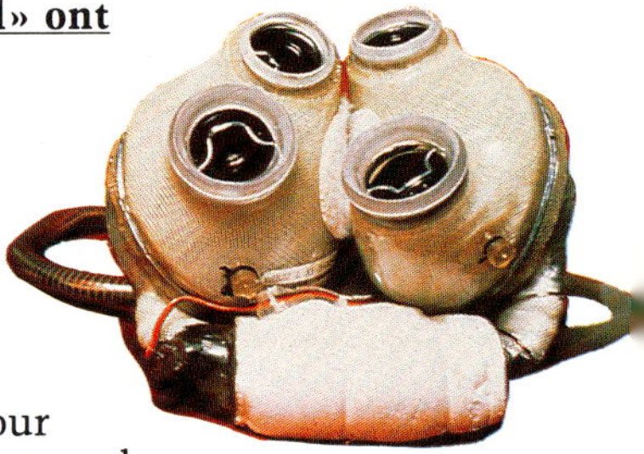

Actuellement, les investigations se poursuivent dans deux directions : l'assistance ventriculaire provisoire, qui aide le malade à franchir un cap difficile, et le cœur artificiel total, définitif et permanent.

Cette opération, conçue au départ pour être définitive, n'est réalisée dans la plupart des cas qu'en attente d'un donneur. Les modèles Jarvik VII et Penn State se composent de deux ventricules implantés dans la poitrine à la place du cœur naturel qui a été enlevé.

Même si les poumons sont seuls atteints, une greffe cœur-poumons doit être effectuée

La double transplantation est, sur le plan chirurgical, plus simple à réaliser. Le cœur sain, enlevé dans ce cas-là, est lui-même transplanté sur un autre malade.

Une assistance respiratoire permanente permet une vie professionnelle intense à Edwards Roberts, le leader américain pour une vie indépendante des personnes handicapés.

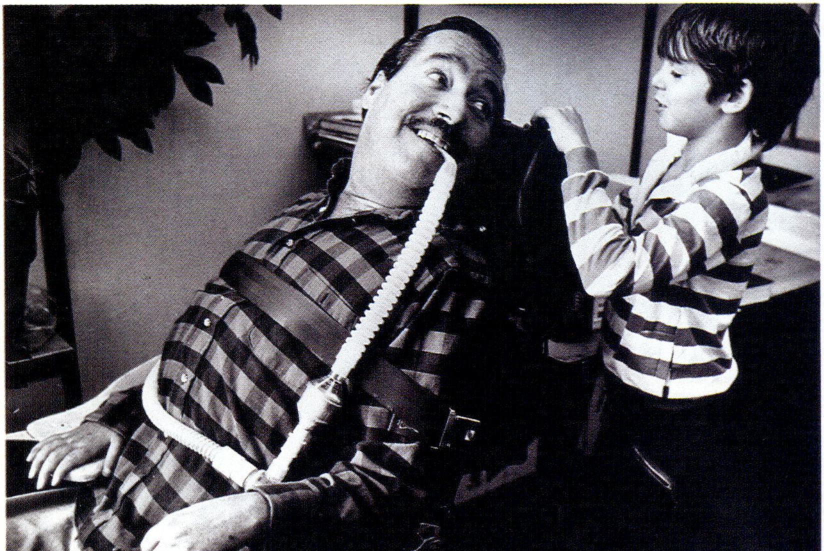

Cette greffe couplée pourrait remédier, chez les enfants, aux complications ultimes de certaines maladies congénitales telles que la mucoviscidose. Mais, entre autres difficultés, les organes du donneur doivent être d'une taille absolument identique à ceux du receveur.

Il ne sera sans doute pas possible avant une dizaine d'années d'implanter de façon courante un cœur artificiel (page de gauche) sur l'homme.

Le «bain de dialyse», un bain de jouvence pour le rein déficient

Grâce à un faisceau d'ondes sonores, on détruit sans opération les calculs qui bloquent le fonctionnement du rein. Mais en cas de déficience rénale, on dote le malade d'une circulation extracorporelle. Pour éliminer les déchets dissous dans le plasma sanguin, le sang passe dans un circuit constitué d'une matière synthétique perméable à l'urée et aux petites molécules. Ce circuit baigne dans un liquide appelé «bain de dialyse», dont la composition est proche de celle du sérum sanguin : ceci est indispensable pour qu'il n'y ait pas perte des substances utiles contenues dans le sang.

L'hémodialyse rénale a beaucoup progressé. Il y a quelques années, les malades devaient s'astreindre à des traitements hebdomadaires de trente heures. Actuellement, de nombreux déficients rénaux se traitent une ou deux fois par semaine, chez eux, et ont une activité presque normale.

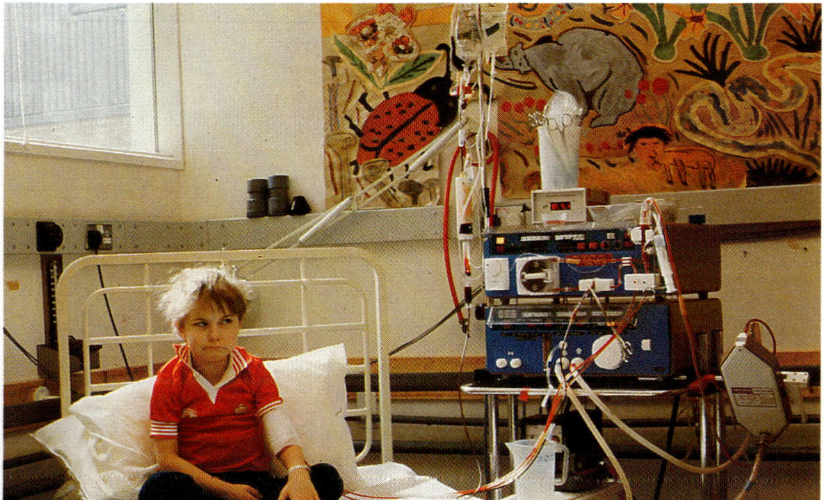

Le rein, le premier organe à avoir été transplanté

Le rein étant un organe double, les premières transplantations furent effectuées à partir de reins de donneurs vivants. Désormais 80% des reins greffés en France sont prélevés sur des cadavres.

L'insuffisance rénale en phase terminale est la principale indication de cette opération. A ce stade, les reins n'épurent plus le sang, qui se charge de toxines et empoisonne l'organisme. De nos jours, dans 85 à 90% des cas, le greffon est encore en vie un an après l'opération. En cas de rejet définitif, une deuxième, voire une troisième transplantation peuvent être tentées.

L'opération est simple, mais jamais pratiquée en urgence, car le greffon, une fois prélevé, se conserve quarante-huit heures, la dialyse permettant d'attendre qu'un organe compatible soit disponible. Autre intérêt de la greffe, son coût apparaît moindre comparé au montant annuel d'une dialyse.

Actuellement, il existe des reins artificiels miniaturisés que le malade peut transporter sur lui et brancher quand cela se révèle nécessaire. On est loin de l'énorme appareillage inventé par Kolff, même si le principe reste le même.

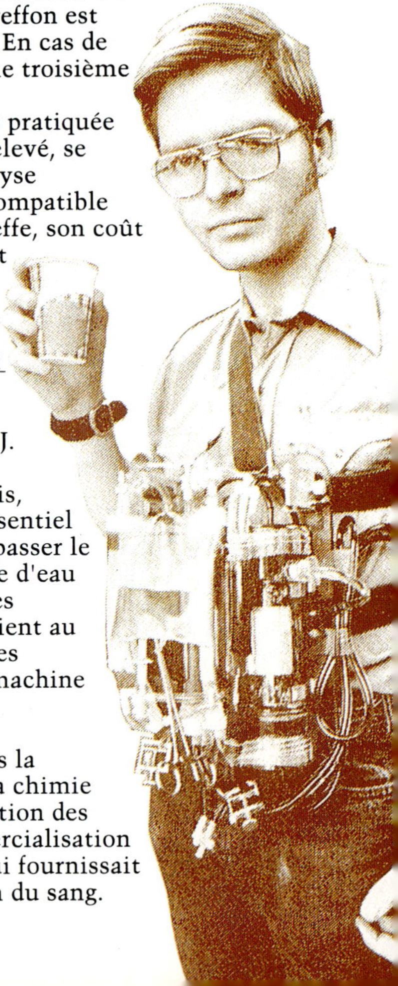

Les reins artificiels, permettant l'épuration du sang, sont aujourd'hui d'un usage courant

C'est un médecin hollandais, Willem J. Kolff, qui a utilisé le premier rein artificiel en 1943. Pour la première fois, une machine remplaçait un organe essentiel du corps humain. La machine faisait passer le sang du malade dans une cuve remplie d'eau où baignait un filtre de cellophane. Les déchets accumulés dans le sang passaient au travers de la cellophane qui retenait les globules et les protéines du sang. La machine de Kolff visait seulement à soulager temporairement les reins du malade.

Deux étapes essentielles ont permis la progression actuelle : l'évolution de la chimie des plastiques, qui facilitait la fabrication des membranes de filtration, et la commercialisation de l'héparine (découverte en 1930), qui fournissait enfin le moyen d'éviter la coagulation du sang.

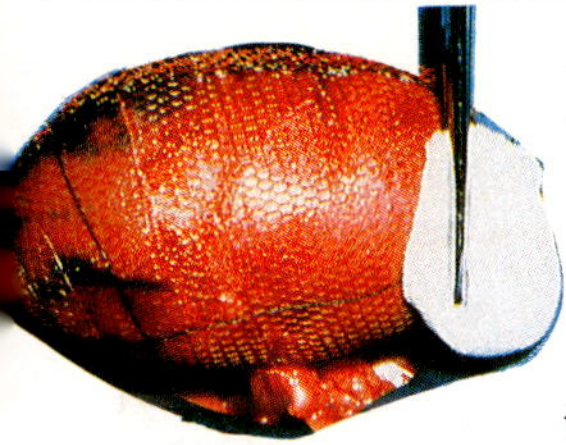

L'Américain Thomas Starzi tenta le premier, en 1963 à Denver, une transplantation hépatique

Aujourd'hui, le taux de réussite des transplantations du foie est proche de 70% chez les adultes et de 85% chez les enfants. Cette longue et difficile opération est nécessaire dans les cas de cirrhose non alcoolique, d'hépatite fulminante ou de tumeur maligne primaire (sans métastase) ou de malformations congénitales rendant la survie impossible.

Chez les enfants, on tente cette greffe, le plus souvent, dans le cas de maladies héréditaires du foie comme l'atrésie des voies biliaires. On sait désormais transplanter, chez l'enfant, seulement une partie d'un foie adulte, ce qui pallie la rareté des organes d'enfant disponibles.

Au total, 220 greffes ont été pratiquées en France (dont 110 en 1986), mais 300 transplantations hépatiques seraient nécessaires chaque année, dont 80 environ sur des enfants.

Les greffes rénales sont devenues courantes. Plus de 7 000 personnes vivent avec un rein greffé; de nombreuses autres attendent un donneur compatible.

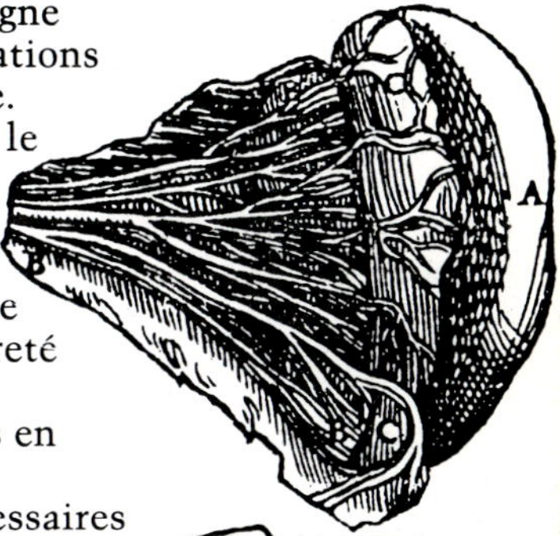

La technique du foie artificiel se limite encore à un seul type d'appareil

La multiplicité des fonctions que remplit le foie rend leur reproduction très complexe : en effet, il est à la fois un centre d'excrétion et de désintoxication, une usine de synthèses multiples (toutes les protéines et tous les polypeptides précurseurs d'hormones) et un régulateur. Pour le moment, les chercheurs ont réussi à assister le foie malade en le soulageant d'une de ses fonctions, mais ils n'ont pas encore conçu d'appareil capable de suppléer à toutes, ce qui techniquement semble pourtant possible.

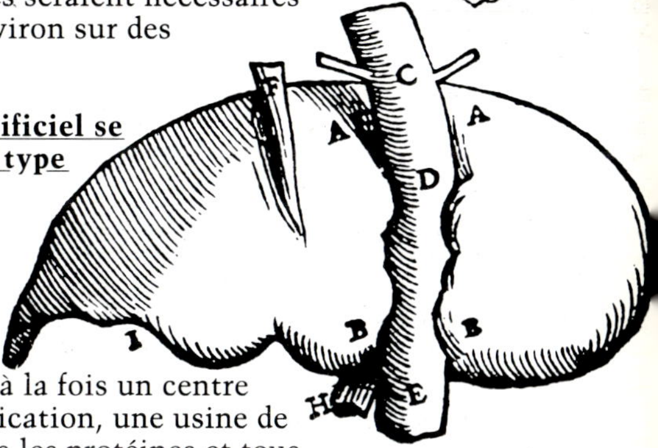

Vésale, dans son *De Humani Corpori Fabrica* (1542), représente un rein et son «filtre béni» ainsi que la face postérieure du foie.

Les diabétiques insulino-dépendants peuvent désormais se faire transplanter un pancréas

Cette greffe est souvent associée à une greffe rénale, car le diabète entraîne fréquemment une insuffisance du rein. Dans la plupart des interventions, on ne retire pas le pancréas malade, dont la seule défaillance est de ne plus sécréter d'insuline, mais on lui adjoint un autre pancréas ayant reçu une injection de Néoprène. Ce produit a pour effet d'annihiler l'ensemble de ses fonctions à l'exception de celle qui fait défaut au premier. Plus de 1 200 greffes pancréatiques ont déjà été pratiquées dans le monde.

De Graaf, chercheur néerlandais, étudie la digestion chez les chiens pour connaître la nature et le rôle des sucs pancréatiques.

Le pancréas artificiel a d'abord été utilisé en cas d'urgence

En cas de coma diabétique, d'intervention chirurgicale ou d'accouchement par exemple, le pancréas artificiel remplit une double fonction : la première est de mesurer en permanence la quantité de sucre sanguin. Par rapport à ce taux il interprète et module une quantité d'insuline qu'il injecte dans l'organisme. Nécessitant un appareillage externe très lourd, ce pancréas artificiel n'est pas pratique ; il est utilisé exclusivement lors de séances pouvant durer de douze heures à trois jours.

Dans une deuxième étape, des pompes à insuline portatives ont été mises à la disposition des malades. Implantés dans l'abdomen, réglables à la demande par le receveur, ces réservoirs d'insuline sont remplis chaque mois par injection à travers la peau.

Reste la dernière étape à franchir : celle où le pancréas artificiel dosera lui-même en permanence, grâce à un capteur miniaturisé également implanté, le taux de glycémie de l'organisme du porteur.

La tolérance croissante des greffes conduit les chercheurs à fabriquer des organes en éprouvette

Les cultures tissulaires se font à partir d'un prélèvement d'un centimètre carré de peau sur le receveur. Cet échantillon est mis en culture dans un milieu contenant des fibroblastes et des agents propres à accélérer la reproduction des cellules épidermiques. Ceux-ci fournissent un support aux cellules de la peau qui, en se multipliant, forment une couche d'épiderme stratifié contenant de la kératine. En 1983, cette technique a permis à une équipe de Harvard de sauver la vie de deux frères âgés de 6 et 7 ans, brûlés sur 97% du corps et dont 80% de la peau naturelle était détruite...

On sait déjà faire pousser des cellules nerveuses, glandulaires, musculaires et, chez les animaux de laboratoire, on réimplante celles-ci dans le cerveau, le cervelet, la moelle épinière, les muscles, avec des résultats très intéressants... pour quelles applications humaines demain ?

Sans prélèvement d'organes, on ne peut effectuer de transplantion

On sait maintenant greffer presque tous les organes, éviter les réactions de rejet, intervenir sur des sujets de plus en plus jeunes ou de plus en plus âgés. Malheureusement, les organes disponibles manquent, en France particulièrement. Problème difficile car l'organe à transplanter doit être prélevé sur une personne en état de mort cérébrale mais dont le cœur continue à battre et les organes à être irrigués.

Les greffes remettent en cause notre conception de la vie et de la mort, réveillant des angoisses profondes, et soulèvent le problème essentiel de la solidarité.

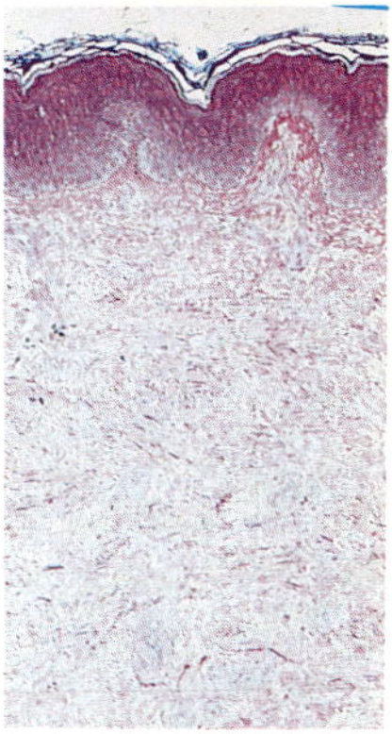

La fabrication de peau artificielle (en haut) au moyen de matières synthétiques mêlées à des matières organiques biodégradables vise à obtenir un matériel bien toléré. Trois semaines après la pose du matériau, on enlève le caoutchouc de silicone et on greffe sur le néo-derme des petits morceaux d'épiderme (ci-dessus) du patient. Le nouvel épiderme se forme en quelques jours, la peau «fonctionne», mais sans follicules pileux ni glandes sudoripares.

«Voir le jour», «fermer les yeux». De la naissance à la mort, la vision est l'élément habituel de la découverte du monde. Elle offre à l'homme la majorité de ses informations sensorielles. Quand elle est altérée, il faut trouver d'autres moyens d'atteindre la réalité et de saisir l'espace.

CHAPITRE IV
VOIR ET PERCEVOIR

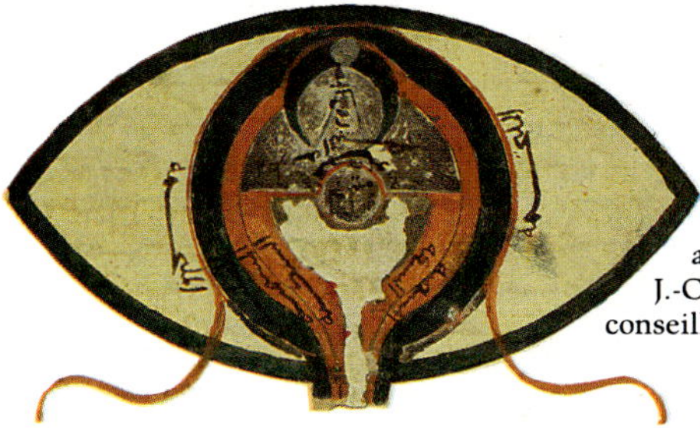

Au VIIe siècle avant J.-C., Tobie, conseillé et guidé par l'ange Raphaël, rend la vue à son père aveugle. Attente du miracle ou des effets de la science : deux univers se côtoient.

Les textes font état de tentatives de correction très anciennes

Celse, au Ier siècle avant J.-C., décrit déjà avec minutie l'opération de la cataracte par abaissement. Les références aux aveugles sont très fréquentes dans les Evangiles ; plus tard, saint Jérôme, dans une parabole, les évoquera aussi, suggérant au chrétien de se faire «le bras du faible et l'œil des aveugles». Après avoir connu un certain essor au IIIe siècle en Occident, l'ophtalmologie subit une éclipse durant le Moyen

“ Laissez-les, ce sont des aveugles qui conduisent des aveugles ; si un aveugle en guide un autre, ils tomberont ensemble dans le fossé. ”

Evangile selon saint Matthieu

Brueghel, contemporain d'André Vésale et d'Ambroise Paré, fait preuve dans sa peinture d'un sens clinique très sûr. Dans sa *Parabole des aveugles*, les personnages lèvent la tête vers le ciel comme s'ils voyaient quelque chose. Chacun présente un cas de cécité bien précis, dépeint avec soin : un pemphigus chronique avec opacification de la cornée, une atrophie des globes oculaires, une «taie» cornéenne, une énucléation. L'un d'eux porte une grande visière qui le protège d'une impression lumineuse trop douloureuse.

Age, tandis qu'elle se développe dans les pays islamiques. Au XIe siècle, un Egyptien du Caire cite plus de cinquante maladies oculaires et décrit une nouvelle technique d'opération de la cataracte, l'évacuation du cristallin devenu opaque se faisant par aspiration.

L'hôpital des Quinze-Vingts, destiné à loger et à nourrir les aveugles, sera créé à Paris au milieu du XIIIe siècle.

Au XVIe siècle, en plus de l'opération de la cataracte, on pratique déjà l'énucléation de l'œil cancéreux, l'extraction de corps étrangers et

même la correction du strabisme au moyen de masques spéciaux.

Pour parer au déficit visuel provoqué par l'abaissement ou l'aspiration du cristallin, lunettes et bésicles se répandent. La chirurgie oculaire reste pendant longtemps aux mains d'opérateurs ambulants.

Valentin Haüy veut réinsérer les aveugles dans la société

Rendre leur dignité aux aveugles, c'est avant tout leur donner un métier. Haüy crée un procédé d'impression des caractères en relief et fonde en 1784 une maison pour les jeunes aveugles, qui deviendra, sous le Directoire, l'Institut national des jeunes aveugles. Il y consacrera toute sa vie et édifiera des maisons semblables à Saint-Pétersbourg et à Berlin.

Von Helmoltz invente l'ophtalmoscope en 1878. Ainsi naît l'ophtalmologie moderne

L'ophtalmoscope permet de voir directement les lésions de la rétine, de la choroïde et du nerf optique, ainsi que les opacités des milieux

transparents de l'œil. Vient ensuite l'invention du tonomètre, appareil de mesure de la tension oculaire, qui est maintenant couplé au biomicroscope. L'échographie, l'électrorétinographie et la laséthérapie assurent aujourd'hui une exploration et une réparation précises.

Il y a dans le monde 40 millions d'aveugles, dont les 4/5e dans les pays les plus pauvres

L'O.M.S., l'Organisation mondiale de la santé, considère qu'un enfant d'âge scolaire sur mille est atteint de déficience visuelle. Dans les pays industrialisés, le glaucome chronique, les atteintes de la rétine, la cataracte congénitale (due à la rubéole par exemple) et les traumatismes oculaires sont les principales causes de cécité.

Certains pays en voie de développement comptent plus de 4% d'aveugles parmi leur population. Pourtant, dans beaucoup de cas, une alimentation correcte, des médicaments simples et une meilleure hygiène peuvent éviter, et même soigner, ces maladies.

En ophtalmologie, le laser est couramment utilisé pour prévenir la cécité chez les diabétiques et réparer les décollements de la rétine. Le «laser Argon» (dont le rayon brûle) réalise, par son effet hémostatique, de véritables points de soudure qui maintiennent la rétine en place. Pour le traitement chirurgical de la cataracte, le «laser Yag» (dont le rayon coupe) ne permet que l'ouverture de la capsule. Dans les deux cas, son action est rapide, efficace et indolore.

Première cause de cécité dans le monde, le trachome sévit dans les régions surpeuplées et pauvres où règne l'insalubrité. Au second rang, vient la xérophtalmie par carence en vitamines A et en protéines, qui engendre chaque année 100 000 nouveaux cas de cécité. 10% de la population de certains villages du bassin des Voltas est rendue irrémédiablement aveugle par l'onchocercose ou cécité des rivières. La cataracte, bénigne dans les pays riches, est difficilement opérable ailleurs, du fait du manque de spécialistes : en Inde, elle provoque 55% des cécités.

Quatre affections graves pouvant entraîner la cécité sont maintenant soignées avec succès

La cataracte est due à l'opacification du cristallin. La première extraction de celui-ci fut réalisée par Daviel en 1745. C'est une opération désormais courante qui s'accompagne du remplacement du cristallin par une lentille, véritable cristallin artificiel en matière plastique. Le succès de cette opération est, sauf altération rétinienne, de 100%.

Conséquence de l'hypertension oculaire, le glaucome frappe en France 700 000 à 800 000 personnes. Le premier traitement de l'iridectomie antiglaucomateuse fut mis au point par Albrecht de Graeffe en 1857. On dispose aujourd'hui, en plus de l'iridectomie et autres techniques chirurgicales, de médicaments très efficaces, tels que les collyres bêtabloquants qui abaissent la tension oculaire.

Le décollement de la rétine est traité par cautérisation de la déchirure : photocoagulation, ou coagulation au laser par voie endo-oculaire sans douleur ni risque d'infection, ou cryocoagulation par voie externe.

La première greffe de cornée fut tentée en 1789 par Pellier de Quensy. Les tentatives se multiplient à la fin du XIXe siècle. En 1948, une loi française, bientôt reprise dans d'autres pays, autorise le prélèvement de la cornée sur les cadavres. Les kératoplasties constituent aujourd'hui, grâce aux banques d'yeux et à la microchirurgie, une pratique courante.

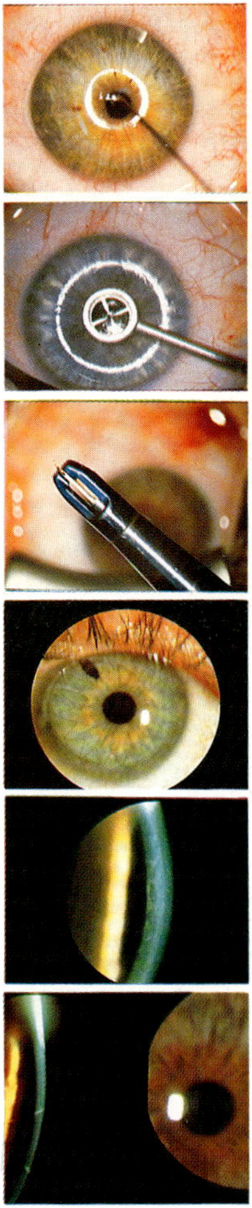

La kératotomie radiaire corrige les myopies faibles : repérage de l'axe optique (1), marquage de la zone optique (2), incision de la cornée (3), cicatrisation (4, 5, 6).

Quand la science déclare forfait, l'aveugle compense son handicap en surexploitant ses autres sens

Les brillants progrès de l'ophtalmologie ne permettent pas d'espérer, dans un avenir prévisible, la restitution de la sensation visuelle à des personnes atteintes de cécité.

L'aveugle dispose de deux atouts essentiels, l'ouïe et le toucher. Il faut y ajouter la mémoire, qui joue un rôle primordial. Devenu aveugle, l'écrivain argentin Jorge Luis Borges, auteur d'un *Eloge de l'ombre*, restait, par sa seule mémoire, le meilleur guide de la ville de Genève.

La cécité précoce ou congénitale, si elle stimule les facultés auditives et tactiles de l'enfant, le prive de la connaissance visuelle du monde que possèdent déjà ceux que la cécité n'atteint qu'à l'âge adulte. La notion de perspective est, comme le langage, le résultat d'une expérience mettant en corrélation le système visuel et les autres systèmes sensoriels, dont les mécanismes s'acquièrent dans les premiers mois de la vie.

« L'homme, qui est aveugle,
sent qu'il ne pourra
plus déchiffrer
les beaux volumes
qu'il manie
et qu'ils ne l'aideront
pas à écrire
le livre qui le justifiera
devant les hommes
mais dans le soir qui
est peut-être d'or
il sourit au curieux
destin
et sent ce bonheur
particulier
des vieilles choses
aimées. »

J. L. Borges
Juin 1968 in
Eloge de l'ombre

De l'ouïe au toucher, il est difficile d'affirmer quel sens prime l'autre

L'expérience montre qu'un sujet aveugle, introduit dans une pièce qu'il ne connaît pas, peut avoir rapidement une idée assez précise des proportions et de certains détails. L'explication ? L'exploitation des échos, sur les parois du local, de bruits généralement considérés comme insignifiants : pas, vêtements, voix... Chacun d'eux constitue l'espace sonore que le sujet perçoit comme une sensation «quasi visuelle».

Dans une ambiance sonore de 60 décibels, l'aveugle se sent comme dans un brouillard, les formes sont estompées, les présences sont totalement floues.

L'importance des sensations auditives, mais aussi tactiles, des aveugles est bien illustrée par l'expérience de certains musiciens atteints de cécité. De Louis Vierne, compositeur et organiste français, atteint d'une double cataracte congénitale, puis d'un glaucome aigu, on disait : «Il ne touche pas, il effleure.»

L'écriture braille est extrêmement simple et facilement accessible aux jeunes enfants. Elle est aujourd'hui utilisée dans toutes les langues et largement informatisée.

Comme beaucoup d'aveugles, Louis Braille est musicien. Il sera organiste dans plusieurs paroisses. Son «écriture» s'applique aussi à la musique.

Louis Braille, aveugle à l'âge de 3 ans, invente pour ses élèves un système d'écriture en points saillants

This butterfly is visible
to my fingers. To me
it is a symbol of im-
mortal things — Faith!
Beauty! Friendship!
Helen Keller
1931

Helen Keller, devenue aveugle et sourde-muette à 19 mois, est confiée à 7 ans, à une institutrice Ann-Sullivan. Elle apprend le langage des sourds-muets, l'écriture braille, l'écriture habituelle (ci-contre une lettre de sa main) et la sténographie. A 11 ans, elle réussit même à parler. Elle sortira, diplômée *cum laude*, de l'Université de Harvard.

L'alphabet braille, basé sur le toucher, consiste en la juxtaposition de points en relief, six au maximum. La distance entre deux points correspond au pouvoir de résolution de l'extrémité de l'index. Cette invention permet non seulement la lecture mais aussi l'écriture. En 1829, Louis Braille publie et explique son alphabet auquel il ajoute un système de ponctuation, la traduction des signes mathématiques et de l'écriture musicale.

Aujourd'hui, grâce à l'informatique, l'automatisation du braille ouvre de nouvelles perspectives de production et de diffusion. Enfin, les aveugles-sourds trouvent grâce à la dactylographie en braille un outil essentiel de communication.

Ordinateurs personnels ou machines à lire

Les enregistreurs de braille permettent, grâce à un clavier approprié, de prendre des notes mises en mémoire et transcrites sur cassettes. C'est le cas de l'Hexabraille, le premier micro-ordinateur autonome, transportable (d'un poids de 4 kg) et doté d'une imprimante braille. Aux Etats-Unis, un nombre croissant d'aveugles utilise un ordinateur personnel à voix synthétique (épellation et lecture normale) et affichage braille permettant de lire de manière tactile sur l'écran cathodique. Ces ordinateurs ne sont pas encore disponibles en France.

Certaines machines à lire, comme l'Optacon, transforment l'image électronique d'une lettre imprimée en sensation tactile. L'Optacon peut être employé à divers moments de la vie, personnelle ou professionnelle. D'autres appareils disposent d'une synthèse de parole, comme la machine à lire Kurtzweil, ou d'un système de conversion en braille, comme la machine à lire Delta.

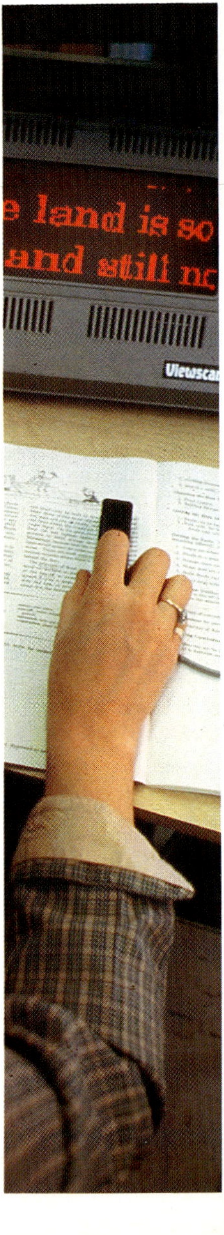

Sans être totalement aveugle, on peut être handicapé visuel

En France, selon la définition légale, on considère qu'un sujet est atteint de cécité quand l'acuité visuelle du meilleur œil est inférieure à 1/20e, ou quand le déficit du champ visuel dépasse 20 de chaque côté. L'amblyopie bilatérale (du grec, *amblus* : faible) correspond à une déficience visuelle comprise entre 4/10e et 1/20e pour le meilleur œil après correction. L'amblyopie fonctionnelle atteint un seul œil anatomiquement sain : celui-ci peut, heureusement, bénéficier d'une rééducation. L'amblyopie organique se caractérise, elle, par l'atteinte pathologique des deux yeux, sans aucune possibilité de rééducation.

Ces définitions de l'O.M.S., bien qu'utiles, ignorent certains facteurs essentiels d'évaluation du potentiel visuel que seul l'ophtalmologiste peut apprécier : acuité visuelle, altération du champ visuel, étude de la vision de près, appréciation de la vision des couleurs, sensibilité et adaptation à la lumière, au mouvement.

Au XVe siècle en France, même les saints portent des lunettes !

Nées au XIIIe siècle, les lunettes sont les premières aides techniques pour les mal-voyants. Elles apparaissent à Murano, près de Venise. Leur usage se répand aussitôt, même si leurs verres ne sont que de simples objets grossissants enfermés dans des cercles de corne ou de métal unis par une tige. Les lentilles convexes, qui corrigent la myopie, naissent peu après la découverte de l'imprimerie. La mode s'emparera de ce nouvel objet et l'on en affublera même les portraits des saints.

Les lunettes fantaisie, binocles ou face à main, voient le jour sous le Directoire et sous l'Empire. Benjamin Franklin, ambassadeur des Etats-Unis fut le premier à se faire faire des lunettes à double foyer, combinant deux types de verre sur une même monture.

Les verres de contact font leur apparition officielle en 1887. Ils sont en verre soufflé ou moulé jusqu'en 1930, date à laquelle sont inventées les matières thermoplastiques qui autorisent des formes mieux adaptées au contour du globe oculaire. En 1964, un Tchèque présente une lentille souple hydrophile, d'adaptation immédiate. Depuis, lentilles dures et lentilles souples se sont constamment améliorées.

Les premières lunettes sont posées devant le texte, comme une loupe. Plus tard, on s'apercevra que, placées devant les yeux, ces «pierres à lire» sont plus efficaces.

Minitel et vidéo : des techniques d'avenir pour compenser les déficiences visuelles

On peut agrandir l'image rétinienne notamment grâce aux systèmes vidéo en circuit fermé et aux loupes. On réussit à améliorer sa qualité avec des lentilles cornéennes, des verres scléraux, des lentilles de contact à iris artificiel et pupille optique, des lunettes sténopéïques ou à diaphragmes.

Il est plus difficile d'obtenir l'élargissement du champ visuel et de remédier aux anomalies de la vision des couleurs.

Le Minitel, enfin, va proposer aux déficients visuels diverses facilités, comme la copie simultanée de l'écran minitel sur téléviseur couleur, la connexion d'un micro-ordinateur, la fonction loupe et le téléprojecteur.

Tous ces progrès de la technique, depuis une quinzaine d'années, font naître un grand espoir.

Grâce à une micro-caméra déplacée sur le texte (à gauche), chaque lettre reconnue par un micro-ordinateur apparaît agrandie sur l'écran. Dans le cas de l'Optacon, la lettre (ou tout autre dessin et schéma) est transmise au doigt, en relief, par des aiguilles vibratiles.

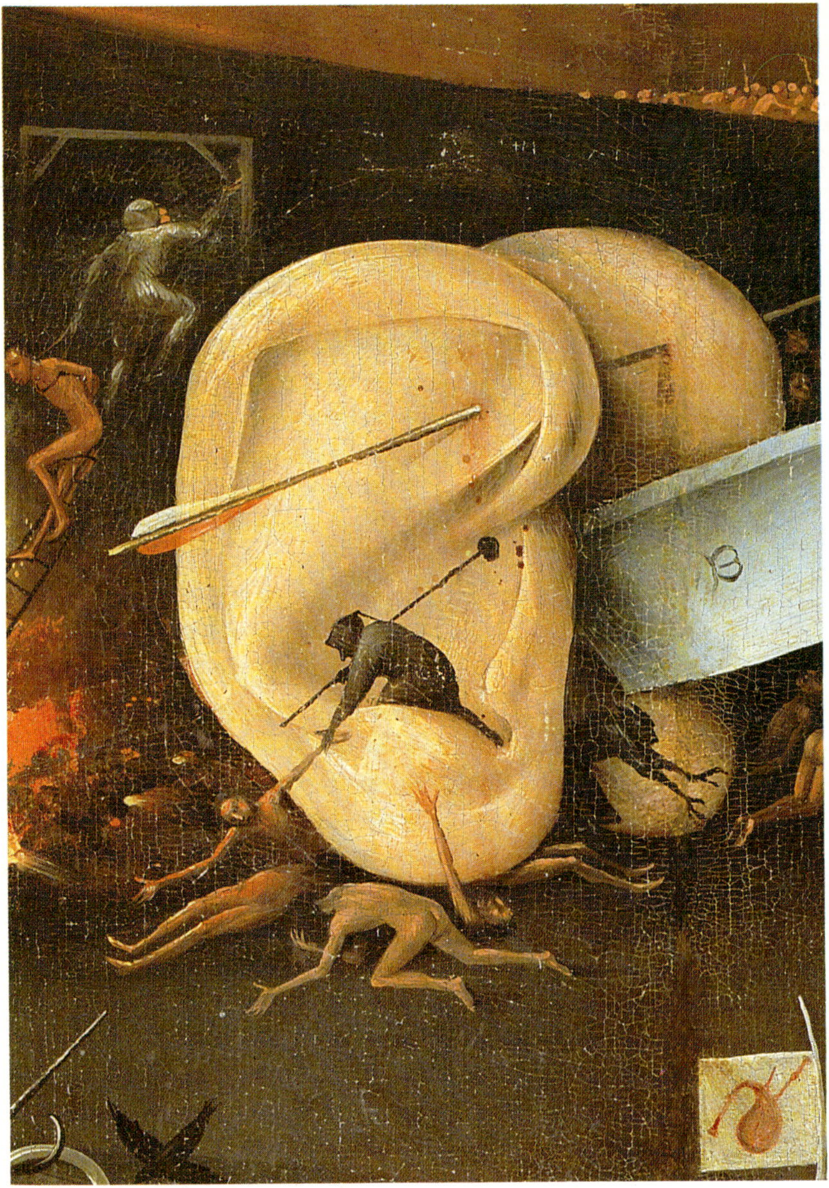

L'oreille est l'organe privilégié de la relation avec autrui. La perte de l'ouïe ne compromet pas l'existence mais fait de l'homme sourd un exclu, un infirme de la communication. Redonner la pleine liberté d'entendre et de communiquer est un défi vital dans une société de plus en plus fondée sur l'échange de messages.

CHAPITRE V

ENTENDRE ET COMMUNIQUER

Vers 1753, Pereire, un précurseur, veut rééduquer les enfants sourds : l'élève touche la gorge du professeur et essaie d'imiter à la fois les vibrations qu'il sent et l'articulation des organes qu'il voit.

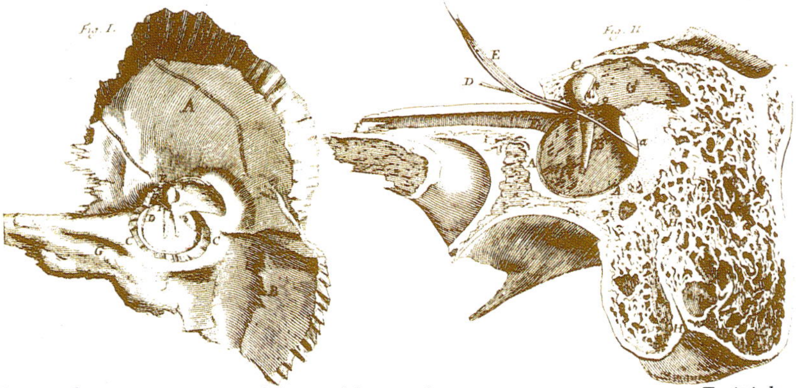

La surdité est un véritable problème de société : en France, elle affecte, à des degrés divers, quatre millions de personnes. Un enfant sur mille naît déficient auditif. Or, les structures mentales nécessaires à l'acquisition du langage se mettent en place entre 6 mois et 2 ans. Près de 400 000 enfants et adolescents présentent des déficits auditifs. Après 65 ans, plus d'un tiers des personnes souffrent de ce handicap.

Réparation de la surdité et découvertes en matière de physiologie de l'oreille vont de pair

Hippocrate est le premier à décrire un tympan observé sur un cadavre. Pour Aristote, l'intérieur de l'organe de l'ouïe ressemble à un limaçon, derrière lequel se trouve une cavité close remplie d'air. Cette vision subsistera durant vingt siècles : de l'organe de l'ouïe, on ne connaîtra que les oreilles externe et moyenne. Diètes et purgatifs sont longtemps censés traiter la surdité. A la Renaissance, on découvre l'existence des osselets, étudiés notamment par A. Vesale. Au XVIIe siècle, Joseph Guichard Duverney observe la transmission aérienne et osseuse du son. Au XIXe siècle, on découvre l'organe de Corti, et Hermann von Helmoltz développe l'analyse harmonique des sons et la théorie de la résonance.

A partir de 1950, l'étude des phénomènes bioélectriques de la cochlée (le limaçon) permet de

Dans son *Traité de l'organe de l'ouïe,* J. G. Duverney décrit et dessine avec minutie l'anatomie de l'oreille, mais ignore encore le rôle essentiel de l'oreille interne.
Il pense, contrairement à ses contemporains, que l'otite est une suppuration de l'oreille et non un écoulement du cerveau. Il observe aussi que, si le tympan n'est pas absolument nécessaire à l'audition, sa rupture entraîne progressivement la destruction de l'oreille interne.

mieux connaître la structure de l'oreille interne. Le physicien allemand Georg von Bekesy découvre le rôle de transformateur d'énergie de la cochlée et reçoit en 1953 le prix Nobel de médecine pour ses travaux sur l'oreille interne. Parallèlement, l'audiométrie par voie osseuse et aérienne explore l'acuité auditive avec de plus en plus de fiabilité.

Il existe deux grands types de surdité : la surdité de transmission et la surdité de perception

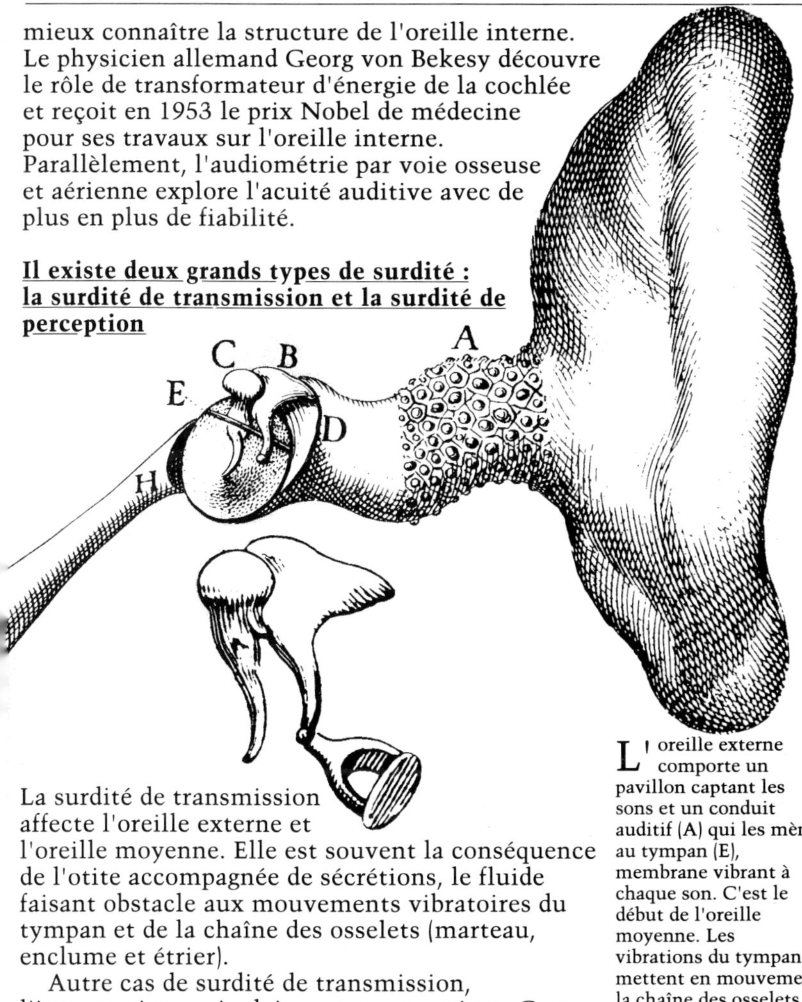

L'oreille externe comporte un pavillon captant les sons et un conduit auditif (A) qui les mène au tympan (E), membrane vibrant à chaque son. C'est le début de l'oreille moyenne. Les vibrations du tympan mettent en mouvement la chaîne des osselets (B, C, D) jusqu'à l'oreille interne (H). Celle-ci contient la cochlée, organe de l'audition par excellence, qui transmet les sons au cerveau.

La surdité de transmission affecte l'oreille externe et l'oreille moyenne. Elle est souvent la conséquence de l'otite accompagnée de sécrétions, le fluide faisant obstacle aux mouvements vibratoires du tympan et de la chaîne des osselets (marteau, enclume et étrier).

Autre cas de surdité de transmission, l'interruption ossiculaire, ou otospongiose. Cette véritable ankylose de l'étrier, fréquente et héréditaire, conduit inexorablement à une surdité totale. Le nerf auditif fonctionne correctement mais le son ne l'atteint pas. Les tests révèlent une conduction du son meilleure par voie osseuse que par voic aérienne.

Baignant dans un liquide, la cochlée, ou limaçon, est l'organe essentiel de l'audition. Elle ressemble à un coquillage marin, tapissé de milliers de cellules microscopiques et ciliées formant l'organe de Corti (en haut, à gauche). C'est la partie neurosensorielle de la cochlée où le son est transformé en messages électriques à l'intention du système nerveux central.

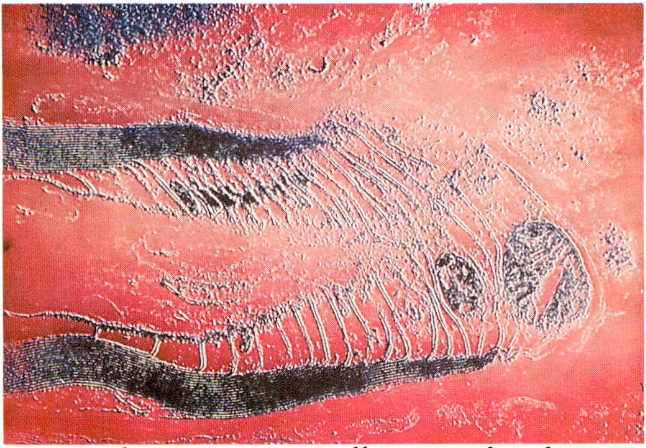

L'influx est alors capté par le nerf auditif (ci-dessus, vu au microscope électronique), véritable câble électrique formé de 40 000 cellules environ, atteignant le cerveau et assurant le décodage et l'interprétation.

La surdité neurosensorielle, ou surdité de perception, s'attaque directement à l'oreille interne. Elle se manifeste par une lésion du nerf acoustique (lésion rétrocochléaire) ou par une lésion de la cochlée elle-même. Cette forme de surdité peut être d'origine héréditaire, virale (séquelles des oreillons ou de méningites), toxique, traumatique (y compris les nuisances sonores) ou accidentelle. Mais, plus fréquemment, elle est due à la rubéole ou à l'emploi de certains médicaments pendant la vie fœtale ou bien elle peut être provoquée, chez le nouveau-né, par une naissance difficile. Il existe aussi des surdités mixtes de transmission et de perception.

Pour vaincre l'otospongiose, la cophochirurgie «ouvre une fenêtre» et «libère l'étrier»

Jusqu'au début du siècle, l'otospongiose était une forme de surdité inexorable et incurable. On a tenté, en 1924, la première opération de fenestration consistant à ouvrir une nouvelle fenêtre à l'intérieur de l'oreille interne pour conduire le son jusqu'au nerf auditif. Samuel Rosen découvrit accidentellement, lors d'une fenestration en 1952, l'effet curatif de la libération de l'étrier. Comme il palpait l'étrier d'un malade avec une sonde, ce dernier, à son grand étonnement, récupéra brutalement l'audition. Désormais, on libère l'étrier et l'on rend sa mobilité à la chaîne osseuse bloquée. Depuis 1956, on peut, dans certains cas, le remplacer par une prothèse ossiculaire en plastique ou en céramique. Parallèlement, les chercheurs ont découvert l'origine enzymatique de l'otospongiose : évolutive, elle peut parfois atteindre l'oreille interne, même après opération.

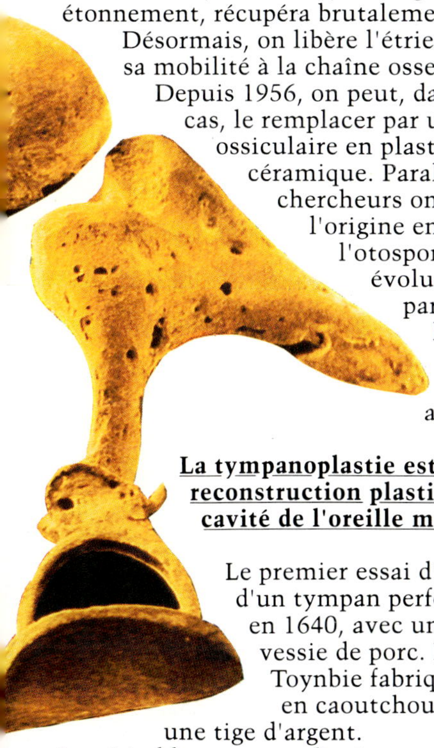

La tympanoplastie est une reconstruction plastique de la cavité de l'oreille moyenne

Le premier essai d'obstruction d'un tympan perforé est réalisé, en 1640, avec un fragment de vessie de porc. En 1853, J. Toynbie fabrique un tympan en caoutchouc monté sur une tige d'argent.

La véritable tympanoplastie a moins de trente ans. Elle repose sur deux grands principes : fermer l'oreille moyenne grâce à un lambeau pédiculé et

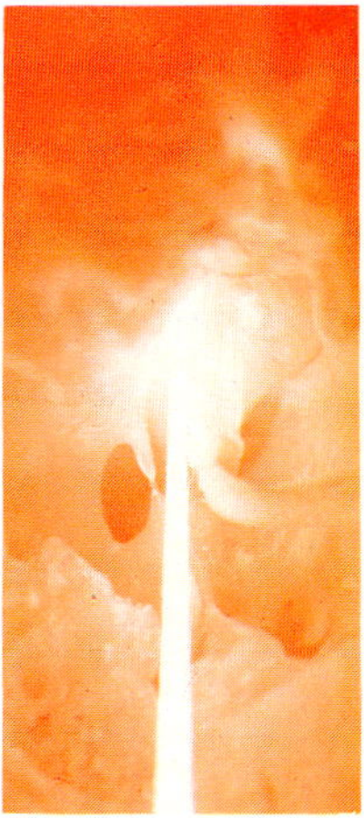

Ce n'est que dans un milieu élastique (air, fluides, ou membranes) que l'onde sonore peut se propager. L'ankylose de la chaîne des osselets solidaires (marteau, enclume et étrier, au centre de la page) empêche la transmission des sons. L'opération de libération de l'étrier est un des plus grands succès de la cophochirurgie qui fait une place toujours plus grande au rayon laser dans ses interventions.

transformer le son en pression sur la fenêtre ovale. La reconstitution des tympans se fait actuellement couramment par autogreffe de tissus conjonctifs ou par transplantation de l'ensemble tympano-ossiculaire prélevé sur un cadavre. Dans 95% des cas opérables, la chirurgie restaure l'audition.

Olifants, conques, cornets et tubes acoustiques : les premières prothèses auditives

Les premiers hommes, chasseurs ou guerriers, impressionnés par la portée des olifants, n'hésitèrent pas à les inverser en plaçant l'embout buccal dans leur oreille pour amplifier les sons. Depuis, l'ingéniosité des acousticiens, pour imaginer des appareils collecteurs de sons, fut sans limites. Les conques, qui, à la différence des cornets, tenaient toutes seules dans l'oreille et dont l'audition était continue, pouvaient même se dissimuler dans de longues chevelures. Vinrent enfin les tubes acoustiques, les derniers à être commercialisés, en 1805.

Pour aider sa femme et ancienne élève, Alexandre Graham Bell, professeur pour sourds-muets à Boston, essaya de mettre au point une oreille artificielle enregistrant des sons. C'est ainsi qu'il

La surdité serait-elle pour certains un aiguillon ? En tout cas, elle n'a pas entamé le talent de Ronsard, de du Bellay, de Rousseau, de Beethoven, de Goya, d'Edison, de Schopenhauer ou de Bergson. Beaucoup, parmi ces sourds célèbres, ont utilisé, comme l'illustre professeur Tournesol, des cornets acoustiques ou des appareils de correction auditive plus ou moins sophistiqués (en haut et page de droite).

inventa, en 1875... le téléphone ! Ses recherches ne seront appliquées à la prothèse acoustique qu'en 1900 par un Viennois qui construisit le premier amplificateur électrique pour sourds. Ces appareils, bien qu'encombrants, furent très vite adoptés par un grand nombre de sourds. La dernière guerre ayant permis la miniaturisation des lampes, la première prothèse à transistor est mise sur le marché en 1952.

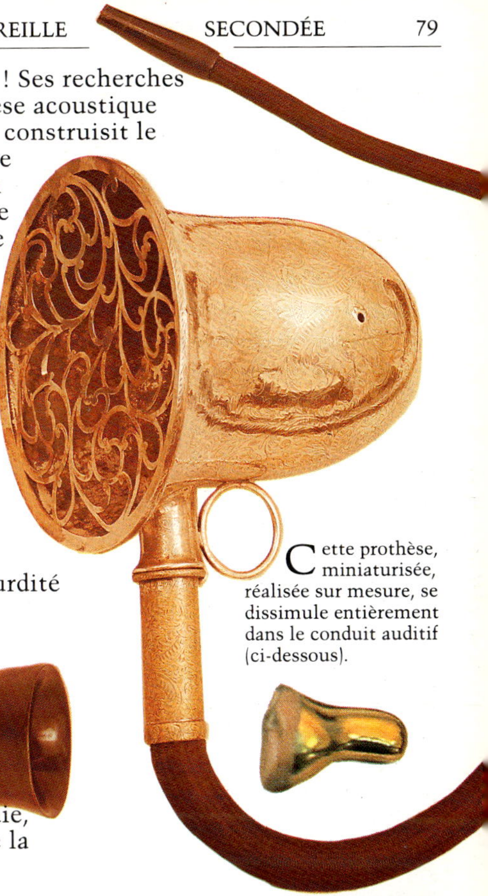

«Prêter l'oreille», c'est encore le rôle des prothèses acoustiques

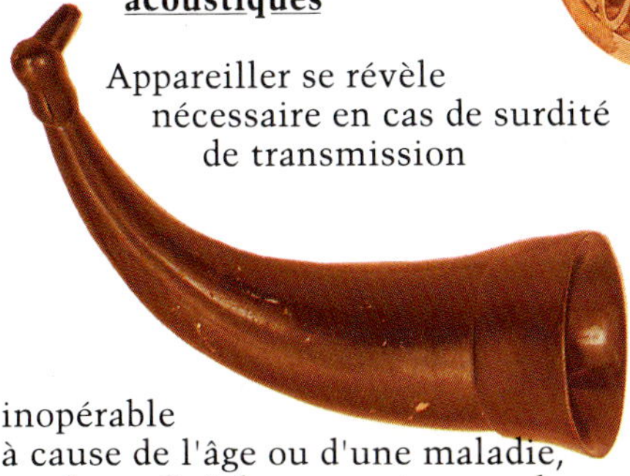

Appareiller se révèle nécessaire en cas de surdité de transmission inopérable à cause de l'âge ou d'une maladie, ou de surdité de perception que la chirurgie ne peut traiter. Ces prothèses se composent toujours d'un micro destiné à recueillir les sons, d'un amplificateur, d'un écouteur placé dans l'oreille ou d'un vibrateur au contact de l'os mastoïdien. Elles se présentent sous la forme d'un contour d'oreille placé juste derrière le pavillon, de lunettes auditives portant le micro, l'amplificateur et l'écouteur et, enfin, de prothèses intra-auriculaires en forme de bouchon directement placées dans le creux de l'oreille.

Cette prothèse, miniaturisée, réalisée sur mesure, se dissimule entièrement dans le conduit auditif (ci-dessous).

Elle montre le chemin parcouru depuis les cornets du siècle dernier.

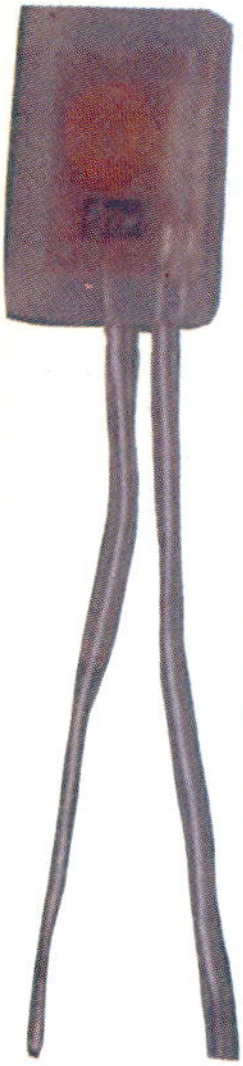

Les implants cochléaires font actuellement l'objet de recherches et de débats

L'implant de type extracochléaire, de faible coût, de pose aisée, peu invasive, et que l'on peut facilement retirer, devrait connaître, dans un proche avenir, un développement important, accompagné d'une miniaturisation et d'un perfectionnement du système électronique de transduction. Il existe en France un modèle très évolué d'implant multi-électrodes intracochléaire. Beaucoup de spécialistes pensent que ce modèle devrait en rester au stade expérimental tant que certains progrès ne seront pas réalisés : essentiellement une compréhension plus complète du codage physiologique de la parole et un diagnostic précis des reliquats nerveux existant dans une cochlée non fonctionnelle.

Rétablir la communication, c'est aussi concevoir une éducation appropriée

Longtemps considérés comme dépourvus d'intelligence, les sourds ne recevront aucune éducation pendant plusieurs siècles. Ce sont d'abord les enfants de familles aisées qui bénéficient, au XVIIe siècle, de l'aide d'éducateurs particuliers. La cour d'Espagne, qui compte beaucoup d'enfants sourds, fait appel à des précepteurs-rééducateurs.

A la fin du XVIIe siècle, deux tendances s'ébauchent : la première se consacre à l'éveil de la personnalité de l'enfant au moyen de gestes, de pantomimes, de l'apprentissage de la langue écrite et de la rééducation de la parole ; la seconde,

« Mes artères se mirent à battre d'une si grande force, que non seulement je sentais leur battement mais que j'entendais même et surtout celui des carotides. Un grand bruit d'oreilles se joignit à cela et ce bruit était triple ou même quadruple : savoir un bourdonnement grave et sourd, un murmure plus clair comme d'une eau courante, un sifflement très aigu. [...] Ce bruit intense était si grand qu'il m'ôta la finesse d'ouïe que j'avais auparavant et me rendait, non tout à fait sourd, mais dur d'oreille. »

J.-J. Rousseau, *les Confessions*

représentée par Heinicke en Allemagne, vise uniquement à apprendre à parler.

L'abbé Charles-Michel de l'Epée conçoit le premier projet d'éducation de masse pour les sourds

Charles-Michel de l'Epée, surpris par une pluie violente, s'engouffre, pour se protéger, dans la première maison venue, celle de sœurs jumelles sourdes-muettes. Il est alors frappé par la complexité du code gestuel qu'elles ont élaboré pour communiquer entre elles. De cette rencontre fortuite va naître son projet. Son idée de départ est simple : en regroupant les enfants sourds en communauté, dans des structures scolaires, une véritable langue gestuelle ne tardera pas à naître.

L'abbé de l'Epée consacre les dernières années de sa vie à codifier cette langue gestuelle. La langue des «gestes méthodiques» est née, les sourds communiquent entre eux et sortent de l'école avec un métier.

La chirurgie ne peut traiter les surdités neuro-sensorielles du type de celle que décrit Rousseau. Seuls, les implants extra-cochléaires (page de gauche) pourront peut-être un jour apporter la rupture de l'isolement sonore, la possibilité d'être alerté et l'aide à la lecture labiale.

C'est chez lui que l'abbé de l'Epée installe son école ; les visiteurs français et étrangers s'y pressent. Le roi Louis XVI lui-même vient assister aux cours et offre en plus d'une subvention, le couvent des Feuillantines, à Paris, où est installée actuellement l'école.

L'abbé DE L'ÉPÉE, né en 1712, mort en 1789, crée le Langage figuré pour les Sourds-Muets

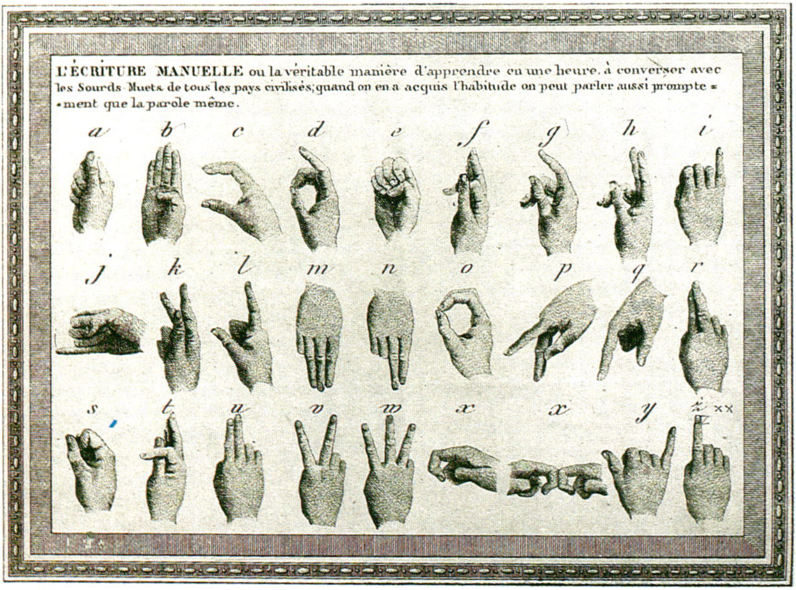

Depuis 1880, la méthode orale règne en France, mais la langue des signes connaît un regain d'intérêt

Cette langue des signes méthodiques se heurte à ceux qui défendent l'apprentissage de la parole. Il faut, si l'on ne veut pas condamner les sourds à l'isolement, exploiter au maximum la capacité qui leur reste d'émettre des sons. A cela doit s'ajouter bien sûr l'apprentissage de la lecture sur les lèvres. Cette querelle aboutit à la victoire des oralistes sur les gestualistes au congrès de Milan en 1880.

Actuellement, la méthode gestuelle fait l'objet de recherches linguistiques et sociolinguistiques considérables aux Etats-Unis. Longtemps limité à la Suède et au Danemark, ce mouvement gagne actuellement l'ensemble du continent européen. La France est en retard : les premiers cours sont nés en 1977, et on ne compte encore qu'une trentaine d'interprètes qualifiés alors qu'il y en a plusieurs centaines en Suède et plusieurs milliers aux Etats-Unis.

« [Le verbe aimer] s'exécute en regardant l'objet dont il s'agit, et mettant fortement sa main droite sur sa bouche, pendant que la gauche est sur le cœur : on rapporte ensuite la main droite avec une nouvelle force sur le cœur, conjointement avec la main gauche, et on ajoute le signe de l'infinitif. »

L'abbé de l'Epée, *la Véritable Manière d'instruire les sourds et muets*

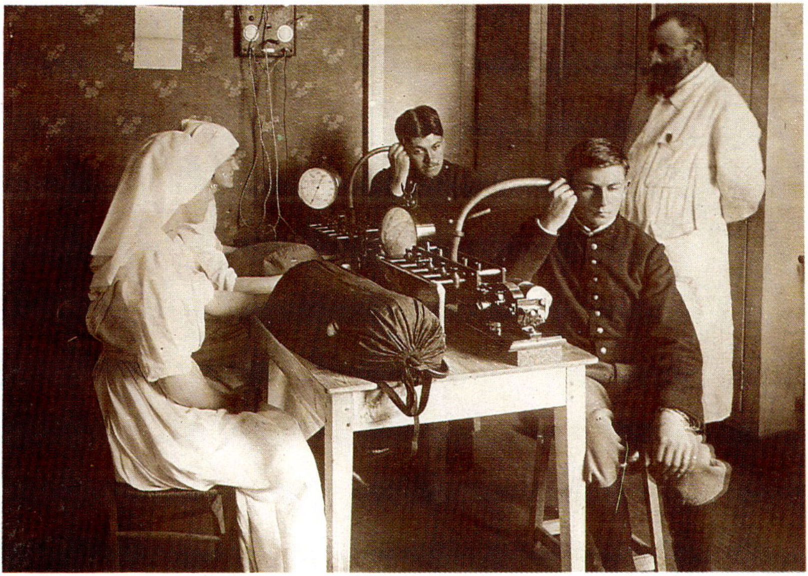

L'annuaire électronique, le procédé Antiope et le traitement automatique de la parole : une technologie haut de gamme au service des sourds

En matière de télécommunication, divers services sont proposés : cours assistés par ordinateur et messageries électroniques à abonnement. Le sous-titrage télévisuel, grâce au procédé Antiope, est créé en 1983 : les textes accompagnant les images télévisées sont visibles par les téléspectateurs munis d'un décodeur. Déjà en 1958, était signé aux États-Unis un projet de loi instituant le sous-titrage des films pour personnes sourdes.

Le téléphone s'est, lui aussi, adapté au handicap auditif. Il existe un combiné amplifié avec éclair accompagnant la sonnerie du téléphone, et un procédé de transcription informatique des communications. Mais l'utilisation de ce matériel est encore onéreuse. Autre possibilité d'aide aux malentendants, le traitement automatique de la parole qui facilite la lecture sur les lèvres, en est au stade expérimental.

L'agression sonore intense et prolongée détériore le nerf auditif. Une explosion peut déchirer les cellules de l'organe de Corti et causer une perte soudaine de l'audition. Une exposition prolongée à des bruits élevés provoque une altération progressive de la fonction neuro-sensorielle. La «surdité des chaudronniers» est fréquente chez ceux qui travaillent sur des engins bruyants ou après des explosions d'armes à feu. Ci-dessus, des soldats sourds après la guerre de 1914 sont en séance de rééducation.

Pour tenter de résoudre les handicaps moteurs, on peut assister le membre défaillant par une orthèse, remplacer le membre disparu par une prothèse ou suppléer sa fonction par des aides techniques. Mais plaquer du mécanique sur du vivant ne se fait pas sans risques. On ne touche pas impunément au schéma corporel. C'est par une action mêlant technologie et psychologie que l'on peut réparer l'homme blessé.

CHAPITRE VI
SE MOUVOIR ET AGIR PARMI LES AUTRES

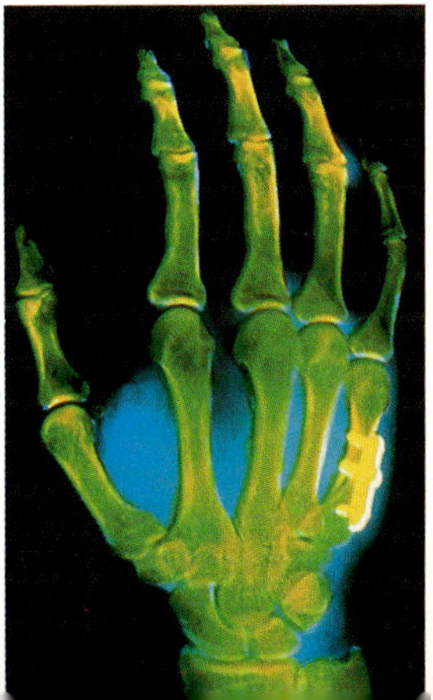

Pas plus que saint Côme et saint Damien, patrons des chirurgiens, on ne peut greffer un membre vivant ! Mais on sait réparer mains et jambes et y implanter des pièces fonctionnelles.

Les systèmes redresseurs comme les premières poulies et manivelles (ci-contre) et les corsets (en bas) s'adressent toujours à un segment particulier. La chaussure orthopédique a cette même vocation. Les orthèses modernes sont étudiées en fonction de l'endroit du corps où elles s'appliquent. Elles ne sauraient être dissociées d'un programme de rééducation.

Au cours des siècles, divers harnachements ont étayé les anatomies défaillantes

Dans l'Antiquité et jusqu'au XVIe siècle, il s'agit d'attelles d'immobilisation. Avec Ambroise Paré, des orthèses-armures, des orthèses métalliques articulées et des appareils correcteurs apparaissent.

Au XVIIe siècle, la chirurgie multiplie les appareillages, roues, lames et leviers, complétés par toute une panoplie vestimentaire : corsets, croix de fer, balançoires et colliers. Un tel matériel est superbement illustré par la «machine» d'Aquapente, ambitionnant d'enserrer de ses rigidités métalliques toute zone ayant échappé au modèle. Puis la mécanique s'arroge le pouvoir de prévenir, de soutenir, de façonner les corps menacés. Les orthopédistes de la fin du XVIIIe siècle multiplient les manivelles et les poulies comme autant de possibilités d'exercices physiques.

Clous, plaques, vis et broches (à droite) : le chirurgien use d'outils et de techniques habituellement réservés à la menuiserie.

Rendre au corps tous ses mouvements : une volonté commune des médecins et des malades

La suppléance est aujourd'hui perfectionnée par de nouveaux matériaux et de nouvelles possibilités de commandes. Les orthèses des membres supérieurs et du tronc sont innombrables. Il existe ainsi des orthèses de la main suppléant les incapacités provoquées par les rhumatismes, les brûlures, les accidents neurologiques. Dans le cas d'orthèses du bras et de l'avant-bras, il s'agit d'épaulière-brassard, de brassard et d'avant-brassard.

Pour les orthèses du tronc, le problème principal est celui du redressement. On distingue des corsets actifs autograndissants qui exigent un effort du sujet et des corsets passifs qui corrigent grâce à des appuis et contre-appuis.

Une grande partie de cette multitude d'instruments «redresseurs» disparaît grâce aux progrès de la chirurgie orthopédique, qui représente l'avenir. Là où il fallait un corset entourant le tronc, on insère désormais le long de la colonne vertébrale un matériel qui le remplace.

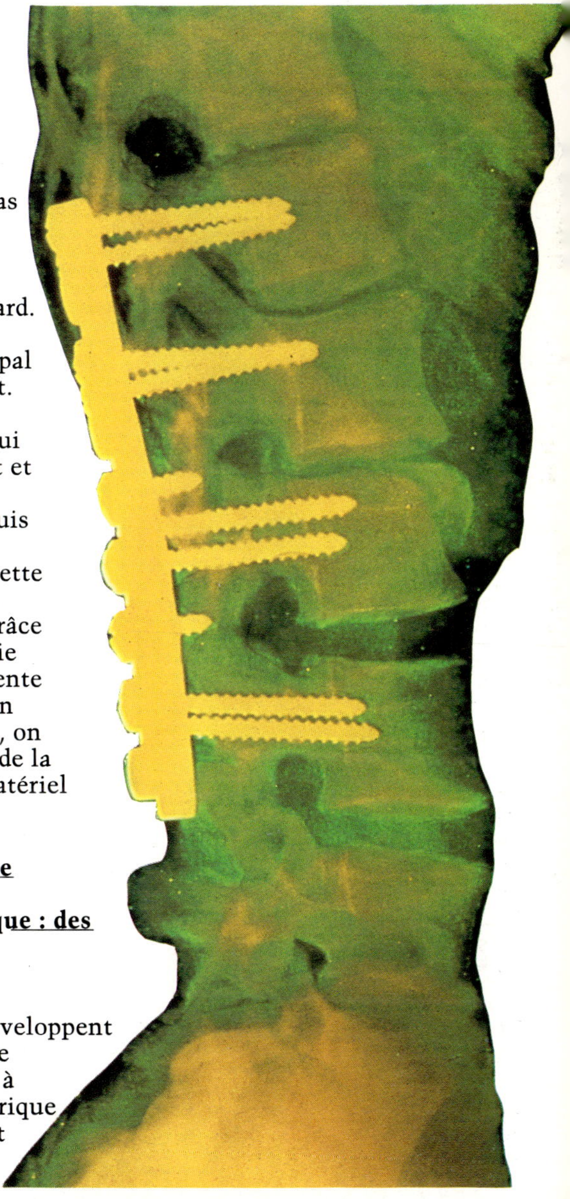

La stimulation électrique fonctionnelle (S.E.F.) et l'appareillage informatique : des idées séduisantes mais d'application difficile

A côté des orthèses se développent de nouveaux domaines de recherche. La S.E.F. tend à utiliser le stimulus électrique qui, appliqué aux nerfs et aux muscles, peut avoir

Les invalides de guerre

Les guerres napoléoniennes furent nombreuses et meurtrières : chirurgiens, linge, pansements manquaient souvent pour les soins des blessés, fréquemment abandonnés sur le lieu des batailles. Les troupes affaiblies par la malnutrition et les maladies vénériennes, étaient ravagées par les épidémies (typhus, choléra). Après la bataille de Dresde, plusieurs édifices publics furent convertis en hôpitaux : la ville entière offrait l'aspect d'une vaste salle commune : «On voyait dans les rues, encombrées d'ordures, de longues files de blessés, couchés par terre et poussant des cris lamentables ; on faisait des amputations dans les places publiques. Tous les jours, de malheureux soldats se traînaient en foule des maisons particulières dans les hôpitaux, où la précipitation des chirurgiens en mutilait des centaines sans nécessité. Devant quelques hôpitaux, on voyait des tas de doigts ou d'autres membres, qui servaient à l'insouciante jeunesse pour ses jeux.»

La solidarité des ébranlés

Les conflits de ce siècle ont laissé derrière eux des millions de mutilés et de «handicapés». Ce phénomène et l'ampleur de la culpabilité collective ont provoqué l'apparition de nouvelles technologies de réparation, de rééducation. Ils ont aussi aidé à l'élaboration d'une législation en faveur des personnes handicapées. La première loi pour les victimes de guerre est publiée en 1915 dans l'empire austro-hongrois. En France, la «solidarité des ébranlés», rescapés des guerres de 14-18, 39-45, d'Indochine ou d'Algérie, a joué un rôle fondamental dans l'affirmation du droit des personnes infirmes : droit aux soins, à la réparation, à la compensation, droit à la réinsertion sociale et professionnelle. Parallèlement, la démocratisation et le système de solidarité qui lui est lié ont fait naître des allocations, des garanties de ressources, des aides financières. Malgré dysfonctionnements et insuffisances, une société plus solidaire envers les personnes handicapées se met en place.

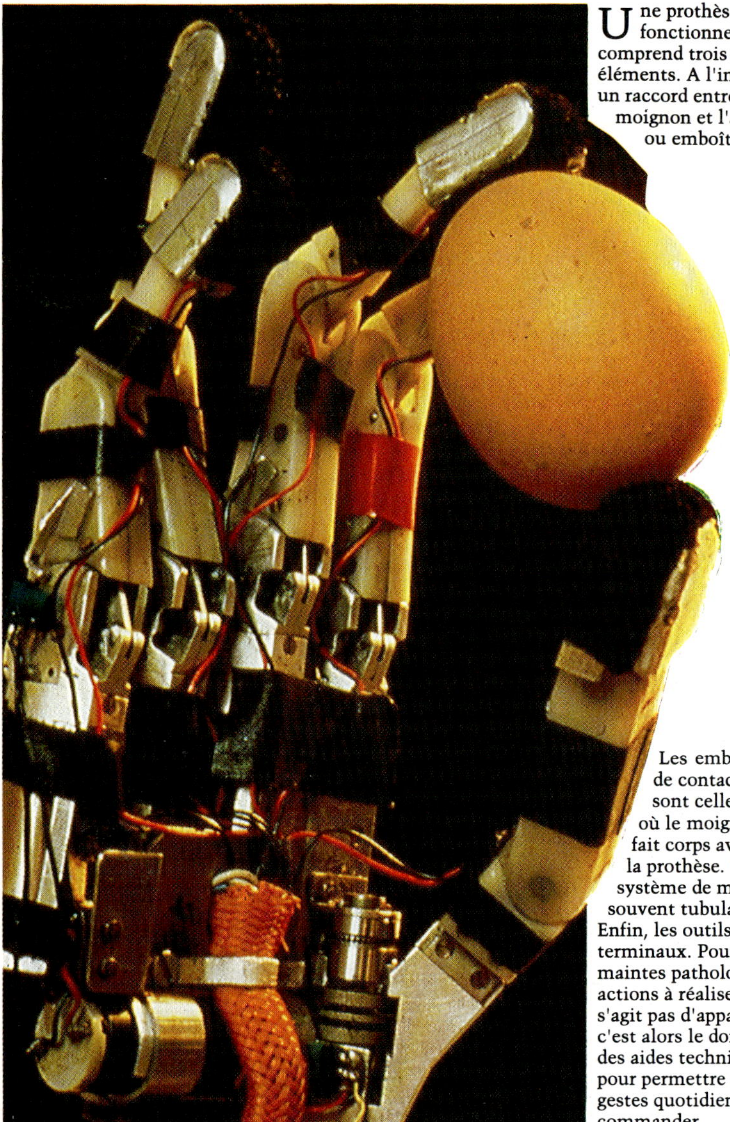

Une prothèse fonctionnelle comprend trois éléments. A l'intérieur, un raccord entre le moignon et l'appareil, ou emboîture.

Les emboîtures de contact sont celles où le moignon fait corps avec la prothèse. Puis, un système de montage, souvent tubulaire. Enfin, les outils terminaux. Pour maintes pathologies ou actions à réaliser, il ne s'agit pas d'appareiller : c'est alors le domaine des aides techniques pour permettre les gestes quotidiens, pour commander l'environnement, pour communiquer.

des effets activant la motricité, facilitant les réflexes. Il est tentant de penser que l'on fera marcher les paralysés en remplaçant les orthèses mécaniques. Mais attention : le rêve peut être mauvais conseiller.

Les prothèses des membres supérieurs demandent, pour être fonctionnelles, une grande mobilité et beaucoup de précision

Trois étapes ont marqué leur histoire : la main articulée conduite par le membre sain ; l'utilisation du moignon pour commander le membre artificiel ; la découverte de la possibilité de mouvoir le membre artificiel grâce à des câbles reliés à des muscles éloignés. Ambroise Paré propose déjà au XVIe siècle un bras et une main de fer, puis une autre en cuir, plus esthétique.

La transmission des ordres à la main artificielle peut se faire mécaniquement, par un système de bretelles attachées à l'épaule opposée au membre amputé, ou électriquement, à l'aide des contractions des muscles du membre amputé : c'est la main myoélectrique.

«Jambes de riches ou jambes de pauvres»

C'est Ambroise Paré, pourtant protecteur des démunis, qui formula d'une façon aussi abrupte la disparité des conditions. Aujourd'hui encore, une opposition existe entre pays industrialisés et tiers monde.

Une meilleure connaissance de l'anatomie du genou et l'allègement du cuissard ont

Les prothèses actuelles poursuivent deux buts, difficilement compatibles. Certaines tentent d'imiter l'aspect du membre vivant : elles sont dites «de vie sociale», comme ce bras en matière synthétique (ci-dessous, à droite). D'autres visent l'efficacité dans le travail : prothèses fonctionnelles (crochet ci-dessous). La main myoélectrique (page de gauche) essaye de reproduire la physiologie de la main, avec une fonctionnalité. Ces techniques, et leur acceptation par le sujet, restent délicates.

permis au siècle dernier, de véritables prothèses de marche, améliorant les appuis du bassin et de la rotule ainsi que la qualité du moignon.

On trouve des genoux à axe unique assurant la flexion-extension à la manière d'une charnière et d'autres «physiologiques», reproduisant les mouvements du genou naturel. Le pied peut être muni d'une articulation mécanique de cheville ou sans articulation, mais alors dans des matériaux permettant une déformation nécessaire au déroulement du pas.

Aujourd'hui, os et articulations artificiels sont d'utilisation courante

Les chirurgiens français ont joué un rôle important dans le développement des prothèses osseuses. Tous les jours on réussit ces opérations de substitution et de redressement, et la chirurgie orthopédique met encore au point de nouvelles techniques. Après la dernière guerre, on eut l'idée de remplacer la tête du fémur, puis les articulations du genou, de l'épaule et des orteils, par des prothèses en résine acrylique.

Désormais, on utilise surtout des alliages en métal inoxydable pour la tête du fémur, et des matières plastiques pour les cavités articulaires. Les prothèses charnières ne sont proposées que lorsque l'articulation est définitivement lésée.

Une invention vieille de deux mille cinq cents ans : le fauteuil roulant

On a pu dire qu'il est la pire et la meilleure des choses. La pire, lorsque la société ou le «handicapé» n'y voit que le symbole de l'infirmité et de l'incapacité. La meilleure, lorsque le blessé ou le malade retrouve, grâce à lui, le moyen et le goût de l'activité et de l'indépendance.

La brouette, devenue caisson muni de quatre roues, sert, au Moyen Age, à véhiculer les amputés, augurant de futures recherches pour l'autonomie des personnes handicapées.

Philippe II, roi d'Espagne en 1595, utilisait une

Depuis vingt ans, on implante de plus en plus de prothèses de hanche, 50 000 en France, 120 000 aux Etats-Unis, et cela sur des patients de plus en plus jeunes. Il s'agit de remplacer les organes déficients touchés par l'arthrose et de supprimer la douleur du sujet. Chaque prothèse est constituée d'une partie longue, métallique, munie d'une tête fémorale en forme de boule, qui s'insère dans le fémur, et d'un cotyle fixé dans le bassin. Cette prothèse s'est améliorée grâce à l'alliage du titane et du polyéthylène qui a développé les qualités de frottement. De plus, le titane stimule l'ossification, écourtant ainsi la convalescence.

chaise à roulettes très étudiée, munie d'appuis-jambes, d'appui-tête, d'accoudoirs réglables et pourvue de dossier inclinable.

Le début du XXe siècle est marqué par l'invention de la bicyclette dont le principe a rendu le fauteuil roulant plus maniable. Depuis, des systèmes électriques, puis électroniques, ont augmenté sa maniabilité. Les personnes ayant l'usage de leurs membres supérieurs utilisent le fauteuil manuel, à deux grandes roues motrices. Les personnes paralysées des quatre membres emploient le fauteuil électrique, commandé par la main, le doigt, voire le souffle.

Appareiller sans rééduquer, c'est ne parcourir que la moitié du chemin vers l'autonomie

La rééducation motrice, psychomotrice, intellectuelle, psychique, vise à l'autonomie du sujet et doit être précoce, continue, globale et personnalisée. Elle implique interdisciplinarité et collaboration de l'intéressé. Mais que serait à son tour une rééducation, sans la réparation de la capacité de travail ? La réadaptation professionnelle s'appuie sur des établissements spécialisés qui forment à des professions compatibles avec le handicap.

Il faut aussi «réparer» l'environnement

L'environnement est aménagé en fonction du plus grand nombre. L'habitat, la ville, les lieux publics, les postes de travail, sont synonymes d'obstacles pour la personne handicapée, devenant handicap supplémentaire. Un effort ergonomique est indispensable. Il faut aussi faire évoluer l'environnement juridique pour rendre les formes de réparation accessibles à tous ; ne pas sous-estimer l'environnement économique, agir aussi sur l'environnement social pour effacer les préjugés, les exclusions, les peurs ancestrales.

Le membre manquant demeure dans la mémoire. Mais on peut tendre les bras à la vie avec un postiche. On ne refait pas du vivant mais on restaure la vie. Il faut du temps pour assumer ce passage.

TEMOIGNAGES
ET DOCUMENTS

Infirmes et gueux

Aveugles, sourds, infirmes et gueux sont nombreux dans la peinture comme dans la littérature. Tantôt possédés ou malfaisants, tantôt victimes du destin, on les voit volontiers bernés, abusés, molestés et rejetés. Quelques auteurs, cependant, leur reconnaissent leur véritable dimension humaine.

Bouffons grimaçants ou tragiques, les gueux et les infirmes sont souvent les rois des tableaux de Brueghel.

Aux antipodes de l'univers de la chevalerie et de la littérature courtoise, c'est la rouerie et le mensonge qui dominent les fabliaux du Moyen Age : un riche clerc s'amuse à jouer un tour pendable à trois misérables aveugles rencontrés sur une route.

Les trois aveugles de Compiègne

Il advint que trois aveugles, partis de Compiègne, cheminaient de compagnie. Avec eux, pas un seul valet pour les guider, les conduire ou leur montrer leur chemin. Chacun portait son hanap de bois. Très pauvres étaient leurs vêtements : ils étaient vêtus misérablement. Ainsi, ils s'en allaient vers Senlis. Un clerc s'en venait de Paris : fort habile à bien comme à mal faire, possédant écuyer et cheval de somme, chevauchant un beau palefroi, il arriva bientôt près des aveugles, car il allait à vive allure. Il vit donc que personne ne les conduisait. Et il pense

qu'aucun d'eux n'y voit : « Comment pouvaient-ils avancer ? »
– Que la goutte me torture le corps, dit-il, si je ne sais s'ils y voient goutte !

Les aveugles l'entendent venir. Le clerc errant, qui veut les tromper, s'avise de leur jouer un bon tour :
– Venez ici, fait-il, voici un besant que je vous donne pour vous trois.
– Dieu et la Sainte Croix vous le rendent ! Un si beau cadeau !

Chacun pense que son compagnon l'a reçu.

Le clerc maintenant s'éloigne d'eux. Il descend de cheval, prête l'oreille et entend ce que disent les aveugles et comment entre eux ils devisent. Le chef des trois dit :
– Il ne nous a pas éconduits, celui qui nous donna ce besant. Ce besant, c'est un beau cadeau ! Savez-vous ce que nous ferons ? Nous retournerons vers Compiègne. Il y a beau temps que nous n'avons fait bombance. C'est bien justice que chacun se donne un peu de plaisir. Compiègne regorge de bonnes choses.

Comme il a sagement parlé, chacun des deux autres répond :
– Allons, repassons le pont !

Vers Compiègne ils s'en sont retournés : arrangés comme ils étaient, tout contents, joyeux et gais. Le clerc continue de les suivre de près. Il dit qu'il les suivra jusqu'à ce qu'il sache le fin mot de l'histoire.

Ils entrent dans la ville : ils prêtent l'oreille et écoutent ce qu'on crie par les rues : « Par ici, bon vin frais et nouveau, vin d'Auxerre, vin de Soissons ! Pain et chair vin et poissons ! Il fait bon ici dépenser son argent ! Ici on loge tout le monde, et tout le monde est content. » Ils s'en vont de ce côté sans hésiter, ils entrent dans la taverne. Ils s'adressent à l'hôte :
– Écoutez-nous, disent-ils, ne nous tenez pas pour vils parce que nous sommes pauvrement vêtus. Nous voulons être servis à part. Nous vous paierons mieux que de plus huppés : nous voulons être bien servis.

L'hôtelier croit qu'ils disent vrai, ces drôles-là. Souvent de tels gens ont force deniers. Il s'empresse auprès d'eux et les mène dans la salle du haut :
– Seigneurs, dit-il, une semaine entière vous pourriez mener ici bonne et joyeuse chère. En la ville, il n'est bon morceau que je ne vous donne, si vous voulez...
– Sire, disent-ils, c'est bien. Faites-nous servir vite et bien.
– Laissez-moi faire, dit le bourgeois.

Puis il s'en va. Il leur fait préparer un repas à cinq services. Pain, chair, pâtés, chapons, vins (et des meilleurs) : il fait donc apporter tout cela. Il a fait flamber un bon feu. Les aveugles se sont assis à la table haute.

Le valet du clerc avait conduit ses chevaux à l'écurie et était entré dans l'auberge. Le clerc, qui était fort bien appris et bien vêtu et avec élégance, noblement festoie avec l'hôte tant au déjeuner le matin qu'au souper le soir.

Les aveugles, dans la chambre haute, se régalaient comme des chevaliers. Chacun menait grand bruit, l'un à l'autre ils se versaient du vin.
– Tiens ! je te sers. S'il te plaît, sers-moi à ton tour. Voilà du vin de bonne vigne !

Soyez sûrs qu'ils ne s'ennuient pas. Ainsi jusqu'à minuit, ils furent en joie et en tranquillité. On leur apprête des lits et ils vont se coucher jusqu'au lendemain qu'il fut belle heure.

A l'auberge demeure le clerc parce qu'il voulait savoir la fin de l'histoire.

L'hôte se leva de bon matin et son valet aussi. Puis ils firent les comptes,

en viandes et en poisson. Le valet dit :
– En vérité, le pain, le vin, le pâté ont bien coûté plus de dix sous. Le clerc en a pour cinq sous.
– De son côté, je ne puis avoir d'ennui, dit l'hôte. Quant à eux, va là-haut et fais-moi payer.

Le valet, sans retard, monte chez les aveugles. Il dit à chacun de s'habiller bien vite car son maître veut être payé :
– N'ayez crainte, dirent-ils, nous le paierons très bien. Savez-vous ce que nous lui devons ?
– Oui, dit-il, dix sous.
– C'est pour rien !

Ils se lèvent, descendent. Le clerc, qui se chaussait devant son lit, a tout entendu.

Les trois aveugles disent à l'hôte :
– Sire, nous avons un besant. Rendez-nous le surplus avant que nous fassions une nouvelle commande.
– Volontiers, répond l'hôte.
– Eh bien ! dit l'un, que celui qui a le besant le lui baille. Moi je n'ai rien.
– C'est donc Robert Barbefleurie ?
– Non, je ne l'ai pas. C'est vous qui l'avez, je le sais bien.
– Corbleu ! je ne l'ai pas.
– Qui donc l'a ?
– Toi !
– Non, toi !
– Payez, truands, dit l'hôtelier, ou vous serez battus et mis en cachot puant. Mais vous ne partirez pas ainsi d'ici.

Et eux de s'écrier :
– Au nom de Dieu, grâce, sire, nous vous paierons bien !

Et ils recommencent leur querelle.
– Robert, fait l'un, donne donc le besant. Tu marchais devant, tu l'as reçu le premier.
– Mais non, c'est toi, qui marchais le dernier. Baille-le lui, car moi je n'ai rien.

« Payez truands, ou vous serez battus et mis en un cachot puant. »

– Me voilà bien à point ! dit l'hôte, car on se moque de moi !

Il va donner un grand soufflet à l'un des aveugles et se fait apporter deux bâtons.

Le clerc si richement vêtu, que l'histoire amusait fort, riait à gorge déployée et se pâmait d'aise. Quand il vit le tour que prenaient les événements, il s'approcha vivement de l'hôte, lui demanda ce qui se passait et ce qu'il voulait de ces gens :
– Ils m'ont mangé et bu pour dix sous, répond-il, et maintenant ils se moquent de moi. Mais ils me le paieront : chacun dans son corps en aura honte et dommage !
– Eh bien ! mettez tout cela sur mon compte, dit le clerc : je vous dois quinze sous. Il est mal de tourmenter les pauvres gens.
– Bien volontiers, répond l'hôte, vous êtes un clerc vaillant et loyal.

Et les aveugles s'en vont tout quittes.

Face à des conditions de vie extrêmement difficiles, certains individus, voire certaines sociétés, n'hésitent pas à abandonner le « handicapé ». Dans ce conte inuit, une mère néglige son fils aveugle.

Lumaaq

Ces gens – cette femme qui avait un fils aveugle et qui avait aussi une fille – ceux-ci, donc, reçurent la visite d'un ours blanc ; par l'embrasure de la fenêtre – dont la vitre avait fondu – l'ours blanc se mit à regarder à l'intérieur. La mère de l'aveugle lui fit alors tirer des flèches dessus avec un arc. Bien qu'étant aveugle, il était fort et il atteignit [l'ours].

Sa mère se mit à mentir ; comme elle avait un chien nommé Uuka, elle dit : « C'est Uuka que tu as atteint » ; elle mentait. L'aveugle entendit cependant les grognements de l'animal qu'il avait atteint et dit : « On dirait que j'ai atteint un animal qui grogne. » Mais sa mère répondit encore : « Non, non, c'est Uuka qui a été atteint. » Comme [l'ours] avait été mourir au loin, sa mère [de l'aveugle], accompagnée de sa fille [à elle], l'abandonna là, car elle voulait avoir la nourriture pour elle seule.

Elle abandonna l'aveugle dans le vieil iglou de neige, comme le printemps arrivait. Sa sœur s'efforça de le faire vivre avec de la nourriture qu'elle volait. Ainsi, celui-ci, l'aveugle, fut abandonné dans le vieil iglou de neige. Après avoir tué l'ours, il fut abandonné seul, par sa mère, parce qu'il était aveugle ; il était cependant maintenu en vie par sa sœur ; par affection pour son frère, parce qu'il était aveugle, elle lui apportait une partie de ce qu'elle mangeait elle-même, elle lui apportait une partie de ce qu'elle mangeait en le mettant à l'intérieur de son parka. Évitant d'être vue par sa mère, elle faisait vivre son frère avec ce qu'elle avait volé. L'iglou dans lequel il était, n'avait maintenant plus de dôme. « Frère, voici de la bonne viande de chien », disait-elle ainsi à chaque fois. Il voulait recouvrer la vue, il arrivera à recouvrer la vue parce qu'il voulait la recouvrer. Alors celui-ci, aveugle et délaissé par sa mère, abandonné dans un vieil iglou de neige, désira ardemment recouvrer la vue.

Le huart conduisant le jeune aveugle à l'eau.

Étant dans cet état d'esprit, et comme il se trouvait à l'intérieur d'un vieil iglou sans dôme, il appela en direction du grand huart. Le grand huart vint [à lui] dans l'intention de le guider vers l'eau [d'un lac]. Ainsi l'aveugle fut conduit vers l'eau [d'un lac]. Comme ils arrivaient, le grand huart dit : « Plonge ! Deviens inanimé ! Perds le souffle ! Lorsque tu seras inanimé, je te ramènerai à la surface. » Effectivement il plongea. Comme il devenait inanimé il fit un mouvement et fut ramené à la surface. Alors le grand huart dit : « Que vois-tu ? » L'homme dit : « Je vois de la lumière. » Le grand huart dit encore : « En vérité, tu ne remueras que lorsque tu perdras le souffle, lorsque tu seras inanimé. »

Il le fit plonger une seconde fois.

L'homme perdant son souffle se mit à remuer et il fut ramené à la surface. Le grand huart dit : « Que vois-tu ? » L'homme répondit : « Je vois la terre, mais je ne la vois pas très distinctement ! » Le grand huart dit : « En vérité tu ne remueras que lorsque tu seras inanimé, lorsque tu perdras le souffle. » Et pour la troisième fois, il le fit plonger. Comme il avait perdu le souffle, qu'il était inanimé, l'homme remua et fut ramené à la surface. Le grand huart dit : « Que vois-tu ? » L'homme dit : « Là-bas, sur le flanc de la colline, je vois un lemming qui entre dans son terrier. » C'est ainsi que l'homme recouvra la vue grâce au grand huart et redevint normal.

Alors, comme il avait recouvré la vue, il se mit à pourvoir sa mère et sa sœur en gibier : morues et chabots. Comme il agissait ainsi, des belugas vinrent tout près du rivage et il voulut les harponner. Désirant qu'on tire [avec lui] sur la courroie du harpon, il dit à sa mère : « Comme je vais harponner, lorsque j'aurai harponné nous tirerons tous les deux sur la ligne. Tu seras derrière moi, attache donc la ligne à ta taille. Il harponna effectivement et comme il était sur le point de tirer [sur la courroie] il lâcha la courroie sans même tirer. Mais comme celle-ci, sa mère, était attachée par la taille, elle fut tout simplement précipitée vers l'eau [où elle plongea] ; comme elle plongeait elle s'écria : « Lumaa, lumaa, lumaa, lumaa, lumaa – disant encore – Si je pouvais seulement me sécher au sommet de cette colline, lumaa ! » Voilà les paroles qu'elle prononça dorénavant lorsqu'elle réapparaissait à la surface [et ainsi de même] lorsque les belugas apparaissent à la surface. Voilà ce qu'on raconte.

Conte inuit

Comme les autres hommes, les infirmes peuvent être animés de passions, bonnes ou mauvaises. Dans ce récit picaresque espagnol, le jeune Lazare invente une punition en forme de farce pour se venger de son oncle, aveugle et méchant.

Lazare et l'aveugle

Ce que voyant et les perverses railleries de l'aveugle, délibérai de tout point le quitter. J'en avais le désir et après ce dernier tour qu'il me joua, je m'affermis en mon dessein. Le cas advint de la manière que dirai.

Le lendemain matin allâmes par la ville demander l'aumône. Il avait plu beaucoup pendant la nuit, et comme il pleuvait encore, l'aveugle allait disant ses oraisons à couvert sous certaines arcades qui sont en la ville afin de ne nous mouiller point. Mais la nuit approchait, et ne cessait de pleuvoir. Lors me dit : « Lazare, cette pluie est opiniâtre, et tant plus la nuit tombe, tant plus il pleut. Retirons-nous de bonne heure au logis. » Or pour y aller avions à passer outre un ruisseau qui était crû par la grand'pluie. Je lui dis : « Oncle, le ruisseau est trop large ; toutefois, s'il vous plaît, je vois là un endroit où il s'étrécit assez, et où le pourrons traverser sans nous mouiller, ainsi d'un saut et à pied sec. » Mon conseil lui sembla très bon, si me dit : « Tu es avisé, Lazare, et c'est pourquoi je t'aime ! Mène-moi donc à cet endroit où le ruisseau s'étrangle. L'eau n'est guère bonne en hiver, et moins encore aux pieds. »

Moi, qui vis l'occasion propice à mon dessein, je le tirai de sous un portail et conduisis vis-à-vis d'un pilier ou poteau de pierre qui là était et soutenait, parmi d'autres, les auvents des maisons sur la place. Adonc lui dis : « Voici, mon oncle, le pas le plus étroit de ce ruisseau. »

Comme il pleuvait dru et que le malheureux se trempait, joint aussi que nous avions hâte de fuir l'eau qui nous tombait dessus et, plus que tout, pour ce qu'il plut à Dieu de lui enténébrer à cette heure l'entendement (ce fut pour me donner vengeance), il se fia de moi et me dit : « Sus donc, mets-moi au bon endroit, et saute premier. »

Je le mets donc bien au droit dudit pilier. Lors saute et me pose derrière comme qui attend rencontre de taureau, si lui dis : « Oncle, sautez hardiment et de toutes vos forces, pour gagner l'autre rive. »

A peine avais-je achevé de dire qu'incontinent le pauvre homme se balance comme un bouc et de toute sa force se rue, reculant d'un pas pour mieux sauter : sa tête heurte au pilier, et sonna aussi fort que si l'on eut frappé quelque grosse calebasse, dont il chut à la renverse demi-mort, le crâne fendu. « Eh quoi ! Vous avez flairé l'andouille, et ne flairez point le poteau ! Flairez ! Flairez donc ! » lui dis-je et le laissai aux mains de la foule de bonnes gens qui accoururent à son secours. Je ne fis qu'un trot jusqu'aux portes de la ville, et arrivai à Torrijos avant qu'il fût nuit close. Jamais depuis n'ai su, ni cherché à savoir, ce que Dieu fit de lui.

Lazare de Tormes

“ Mène-moi donc à cet endroit où le ruisseau s'étrangle. ”

Hymne de la surdité

Dans cet hymne, paru en 1558 et dédié à Ronsard, son ami de longue date atteint comme lui de surdité, Joachim Du Bellay, poète de la Pléiade, fait l'éloge de la surdité qui isole du monde frivole.

Tout ce que j'ay de bon, tout ce qu'en moy je prise,
C'est d'estre, comme toy, sans fraude et sans feintise,
D'estre bon compaignon, d'estre à la bonne foy,
Et d'estre, mon Ronsard, demy-sourd, comme toy :
Demy-sourd, ô quel heur ! pleust aux bons Dieux que j'eusse
Ce bon heur si entier, que du tout je le feusse.
Je ne suis pas de ceux qui d'un vers triomphant
Déguisent une mouche en forme d'éléphant,
Et qui de leurs cerveaux couchent à toute reste,
Pour louer la folie ou pour louer la peste :
Mais sans changer la blanche à la noire couleur,
Et soubs nom de plaisir déguiser la douleur,
Je diray qu'estre sourd (à qui la différence
Sçait du bien et du mal) n'est mal qu'en apparence.
[...] Car tout le bien qu'on peult recevoir par l'oreille,
Procède ou d'un doulx son, qui nostre esprit réveille,
Ou d'un plaisant propos, dont nostre entendement
Reçoit en l'escoutant quelque contentement.
Or celuy qui est sourd, si tel défault luy nie
Le plaisir qui provient d'une doulce armonie,
Aussi est-il privé de sentir maintefois
L'ennuy d'un faulx accord, une mauvaise voix,
Un fascheux instrument, un bruit, une tempeste,
Une cloche, une forge, un rompement de teste,
Le bruit d'une charrete, et la doulce chanson
D'un asne, qui se plaingt en effroyable son.
Et s'il ne peult gouster le plaisir délectable
Qu'on a d'un bon propos qui se tient à la table,
Aussi n'est-il subject à l'importun caquet
D'un indocte prescheur ou d'un fascheux parquet,
Au babil d'une femme, au long prosne d'un prestre,
Au gronder d'un vallet, aux injures d'un maistre,
Au causer d'un bouffon, aux broquars d'une court,
Qui font cent fois le jour désirer d'estre sourd.
– Mais il est mal venu entre les damoizelles !
– O bien-heureux celuy qui n'a que faire d'elles,
Ny de leur entretien ! car si de leurs bons mots
Il n'est participant, par faulte de propos,
Il ne s'estonne aussi et ne se mord la langue,
Rougissant d'avoir faict quelque sotte harangue.
– Mais il est soubsonneux, et tousjours dans son cueur
Se faict croire qu'il sert d'argument au moqueur !

Pierre de Ronsard (1524-1585).

– Il ne le doit penser, s'il se pense habile homme,
Ains pour tel qu'il se croid, doit croire qu'on le nomme.
– Mais il n'est appellé au conseil des Seigneurs !
– O que cher bien souvent s'achètent tels honneurs
De ceulx qui tels secrets dans leurs oreilles portent,
Quand par légèreté de la bouche ilz leur sortent !
– Mais il est taciturne ! – O bien heureux celuy
A qui le trop parler ne porte point d'ennuy,
Et qui a liberté de se taire à son aise,
Sans que son long silence à personne déplaise !
– Le parler toutefois entretient les amis,
Et nous est de nature à cest effect permis !
– Et ne peult-on pas bien à ses amis escrire,
Voire mieulx à propos, ce qu'on ne leur peult dire ?
– Si est-ce un grand plaisir, dira quelque causeur,
D'entendre les discours de quelque beau diseur.
– Mais il est trop plus grand de voir quelque beau livre,
Ou lors que nostre esprit du corps franc et délivre
Voyage hors de nous, et nous faict voir sans yeux
Les causes de nature et les secrets des cieux :
Pour aux quelz pénétrer, un philosophe sage
Voulut perdre des yeux le nécessaire usage,
Pour ne voir rien qui peust son cerveau départir :
Et qui plus que le bruit peult l'esprit divertir ?
La Surdité, Ronsard, seule t'a faict retraire
Des plaisirs de la court et du bas populaire,
Pour suyvre par un traç encores non battu
Ce pénible sentier qui meine à la vertu.
Elle seule a tissu l'immortelle couronne
Du myrte paphien, qui ton chef environne :
Tu luy dois ton laurier, et la France luy doit
Qu'elle peult désormais se vanter à bon droit
D'un Horace, et Pindare, et d'un Homère encore,
S'elle void ton Francus, ton Francus qu'elle adore
Pour ton nom seulement, et le bruit qui en court :
Dois-tu donques, Ronsard, te plaindre d'estre sourd ?
[...] Donq, ô grand Surdité, nourrice de sagesse,
Nourrice de raison, je te supply, Déesse,
Pour le loyer d'avoir ton mérite vanté
Et d'avoir à ton loz ce Cantique chanté,
De m'estre favorable, et si quelqu'un enrage
De vouloir par envie à ton nom faire oultrage,
Qu'il puisse un jour sentir ta grande déité,
Pour sçavoir, comme moy, que c'est de Surdité.

Joachim Du Bellay (1522-1560).

Joachim Du Bellay,
Divers jeux rustiques et autres œuvres poétiques.

Dans cet essai philosophique et scientifique publié en 1749, Diderot démontre la supériorité des capacités sensorielles des aveugles. Cette lettre lui vaudra d'être emprisonné au fort de Vincennes pour « matérialisme ».

Lettre sur les aveugles à l'usage de ceux qui voient

Nous arrivâmes chez notre aveugle sur les cinq heures du soir, et nous le trouvâmes occupé à faire lire son fils avec des caractères en relief : il n'y avait pas plus d'une heure qu'il était levé ; car vous saurez que la journée commence pour lui, quand elle finit pour nous. Sa coutume est de vaquer à ses affaires domestiques, et de travailler pendant que les autres reposent. A minuit, rien ne le gêne ; et il n'est incommode à personne. Son premier soin est de mettre en place tout ce qu'on a déplacé pendant le jour ; et quand sa femme s'éveille, elle trouve ordinairement la maison rangée. La difficulté qu'ont les aveugles à recouvrer les choses égarées les rend amis de l'ordre ; je me suis aperçu que ceux qui les approchaient familièrement partageaient cette qualité, soit par un effet du bon exemple qu'ils donnent, soit par un sentiment d'humanité qu'on a pour eux. Que les aveugles seraient malheureux sans les petites attentions de ceux qui les environnent ! Nous-mêmes, que nous serions à plaindre sans elles ! Les grands services sont comme de grosses pièces d'or ou d'argent qu'on a rarement occasion d'employer ; mais les petites attentions sont une monnaie courante qu'on a toujours à la main.

Notre aveugle juge fort bien des symétries. La symétrie, qui est peut-être une affaire de pure convention entre nous, est certainement telle, à beaucoup d'égards, entre un aveugle et ceux qui voient. A force d'étudier par le tact la disposition que nous exigeons entre les parties qui composent un tout, pour l'appeler beau, un aveugle parvient à faire une juste application de ce terme. Mais quand il dit : « cela est beau », il ne juge pas ; il rapporte seulement le jugement de ceux qui voient : et que font autre chose les trois quarts de ceux qui décident d'une pièce de théâtre, après l'avoir entendue, ou d'un livre, après l'avoir lu ? La beauté, pour un aveugle, n'est qu'un mot, quand elle est séparée de l'utilité ; et avec un organe de moins, combien de choses dont l'utilité lui échappe ! Les aveugles ne sont-ils pas bien à plaindre de n'estimer beau que ce qui est bon ? Combien de choses admirables perdues pour eux ! Le seul bien qui les dédommage de cette perte, c'est d'avoir des idées du beau, à la vérité moins étendues, mais plus nettes que des philosophes clairvoyants qui en ont traité fort au long.

Le nôtre parle de miroir à tout moment. Vous croyez bien qu'il ne sait ce que veut dire le mot miroir ; cependant il ne mettra jamais une glace à contre-jour. Il s'exprime aussi sensément que nous sur les qualités et les défauts de l'organe qui lui manque : s'il n'attache aucune idée aux termes qu'il emploie, il a du moins sur la plupart des autres hommes l'avantage de ne les prononcer jamais mal à propos. Il discourt si bien et si juste de tant de choses qui lui sont absolument inconnues, que son commerce ôterait beaucoup de force à cette induction que nous faisons tous, sans savoir pourquoi, de ce qui se passe en nous à ce qui se passe au dedans des autres.

Je lui demandai ce qu'il entendait par

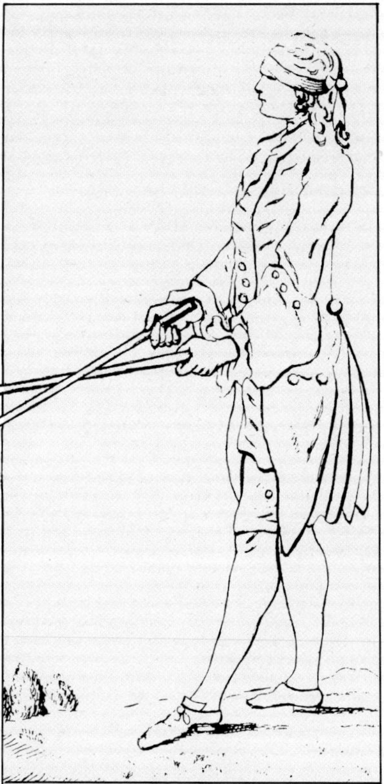

“ L’œil ? Un organe sur lequel l’air fait l’effet de mon bâton sur ma main. ”

un miroir : « Une machine, me répondit-il, qui met les choses en relief loin d’elles-mêmes, si elles se trouvent placées convenablement par rapport à elle. C’est comme ma main, qu’il ne faut pas que je pose à côté d’un objet pour le sentir. » Descartes, aveugle-né, aurait dû, ce me semble, s’applaudir d’une pareille définition. En effet, considérez, je vous prie, la finesse avec laquelle il a fallu combiner certaines idées pour y parvenir. Notre aveugle n’a de connaissance des objets que par le toucher. Il sait, sur le rapport des autres hommes, que par le moyen de la vue on connaît les objets, comme ils lui sont connus par le toucher ; du moins, c’est la seule notion qu’il s’en puisse former. Il sait, de plus, qu’on ne peut voir son propre visage, quoiqu’on puisse le toucher. La vue, doit-il conclure, est donc une espèce de toucher qui ne s’étend que sur les objets différents de notre visage, et éloignés de nous. D’ailleurs, le toucher ne lui donne l’idée que du relief. Donc, ajoute-t-il, un miroir est une machine qui nous met en relief hors de nous-mêmes. [...]

Et qu’est-ce, à votre avis, que des yeux ? lui dit M. de... « C’est, lui répondit l’aveugle, un organe, sur lequel l’air fait l’effet de mon bâton sur ma main. » Cette réponse nous fit tomber des nues ; et tandis que nous nous entre-regardions avec admiration : « Cela est si vrai, continua-t-il, que quand je place ma main entre vos yeux et un objet, ma main vous est présente, mais l’objet vous est absent. La même chose m’arrive, quand je cherche une chose avec mon bâton, et que j’en rencontre une autre. » [...]

L’aveugle du Puisaux estime la proximité du feu aux degrés de la chaleur ; la plénitude des vaisseaux, au bruit que font en tombant les liqueurs qu’il transvase, et le voisinage des corps, à l’action de l’air sur son visage. Il est si sensible aux moindres vicissitudes qui arrivent dans l’atmosphère, qu’il peut distinguer une rue d’un cul-de-sac. Il apprécie à merveille les poids des corps et les capacités des vaisseaux ; et il s’est fait de ses bras des balances si justes, et de ses doigts des compas si expérimentés, que dans les occasions où cette espèce de statique a lieu, je gagerai toujours pour notre aveugle contre vingt personnes qui voient. Le poli des corps n'a guère moins de nuances pour lui que le son de la voix, et il n'y aurait pas à craindre qu'il prît sa femme pour une autre, à moins qu'il ne gagnât au change. Il y a cependant bien de l'apparence que les femmes seraient communes, chez un peuple d'aveugles, ou que leurs lois contre l'adultère seraient bien rigoureuses. Il serait si facile aux femmes de tromper leurs maris, en convenant d'un signe avec leurs amants !

Il juge de la beauté par le toucher ; cela se comprend : mais ce qui n'est pas facile à saisir, c'est qu'il fait entrer dans ce jugement la prononciation et le son de la voix. C'est aux anatomistes à nous apprendre s'il y a quelque rapport entre les parties de la bouche et du palais, et la forme extérieure du visage. Il fait de petits ouvrages au tour et à l'aiguille ; il nivelle à l'équerre ; il monte et démonte les machines ordinaires ; il sait assez de musique pour exécuter un morceau dont on lui dit les notes et leurs valeurs. Il estime avec beaucoup plus de précision que nous la durée du temps, par la succession des actions et des pensées. La beauté de la peau, l'embonpoint, la fermeté des chairs, les avantages de la conformation, la douceur de l'haleine, les charmes de la voix, ceux de la prononciation sont des qualités dont il fait grand cas dans les autres.

Il s'est marié pour avoir des yeux qui lui appartinssent. Auparavant, il avait eu dessein de s'associer un sourd qui lui prêterait des yeux, et à qui il apporterait en échange des oreilles. Rien ne m'a tant étonné que son aptitude singulière à un grand nombre de choses ; et lorsque nous lui en témoignâmes notre surprise : « Je m'aperçois bien, messieurs, nous dit-il, que vous n'êtes pas aveugles : vous êtes surpris de ce que je fais ; et pourquoi ne vous étonnez-vous pas aussi de ce que je parle ? » [...]

Addition à la lettre précédente

Je vais jeter sans ordre, sur le papier, des phénomènes qui ne m'étaient pas connus, et qui serviront de preuves ou de réfutations à quelques paragraphes de ma *Lettre sur les aveugles*. [...]

I. Un artiste qui possède à fond la théorie de son art, et qui ne le cède à aucun autre dans la pratique, m'a assuré que c'était par le tact et non par la vue qu'il jugeait de la rondeur des pignons ; qu'il les faisait rouler doucement entre le pouce et l'index, et que c'était par l'impression successive qu'il discernait de légères inégalités qui échapperaient à son œil.

II. On m'a parlé d'un aveugle qui connaissait au toucher quelle était la couleur des étoffes.

III. J'en pourrais citer un qui nuance des bouquets avec cette délicatesse dont J.-J. Rousseau se piquait lorsqu'il confiait à ses amis, sérieusement ou par plaisanterie, le dessein d'ouvrir une école où il donnerait leçons aux bouquetières de Paris.

IV. La ville d'Amiens a vu un appareilleur aveugle conduire un atelier nombreux avec autant d'intelligence que s'il avait joui de ses yeux.

V. L'usage des yeux ôtait à un clairvoyant la sûreté de la main ; pour se raser la tête, il écartait le miroir et se plaçait devant une muraille nue. L'aveugle qui n'aperçoit pas le danger en devient d'autant plus intrépide, et je ne doute point qu'il ne marchât d'un pas plus ferme sur des planches étroites

“ Il sait assez de musique pour exécuter un morceau dont on lui dit les notes et les valeurs. ”

et élastiques qui formeraient un pont sur un précipice. Il y a peu de personnes dont l'aspect des grandes profondeurs n'obscurcisse la vue.

VI. Qui est-ce qui n'a pas connu ou entendu parler du fameux Daviel ? J'ai assisté plusieurs fois à ses opérations. Il avait abattu la cataracte à un forgeron qui avait contracté cette maladie au feu continuel de son fourneau ; et pendant les vingt-cinq années qu'il avait cessé de voir, il avait pris une telle habitude de s'en rapporter au toucher, qu'il fallait le maltraiter pour l'engager à se servir du sens qui lui avait été restitué ; Daviel lui disait en le frappant : Veux-tu regarder, bourreau !... Il marchait, il agissait ; tout ce que nous faisons les yeux ouverts, il le faisait, lui, les yeux fermés. [...]

VIII. De toutes les personnes qui ont été privées de la vue presque en naissant, la plus surprenante qui ait existé et qui existera, c'est Mlle Mélanie de Salignac [...].

Le son de la voix avait pour elle la même séduction ou la même répugnance que la physionomie pour celui qui voit. Un de ses parents, receveur général des finances, eut avec la famille un mauvais procédé auquel elle ne s'attendait pas, et elle disait avec surprise : « Qui l'aurait cru d'une voix aussi douce ? » Quand elle entendait chanter, elle distinguait des voix « brunes » et des voix « blondes ».

Quand on lui parlait, elle jugeait la taille par la direction du son qui la frappait de haut en bas si la personne était grande, ou de bas en haut si la personne était petite.

Elle ne se souciait pas de voir ; et un jour que je lui en demandais la raison : « C'est, me répondit-elle, que je n'aurais que mes yeux, au lieu que je jouis des yeux de tous ; c'est que, par cette privation, je deviens un objet continuel d'intérêt et de commisération ; à tout moment on m'oblige, et à tout moment je suis reconnaissante ; hélas ! si je voyais, bientôt on ne s'occuperait plus de moi. » [...]

Elle était, dans ses vêtements, dans son linge, sur sa personne, d'une netteté d'autant plus recherchée que, ne voyant point, elle n'était jamais assez sûre d'avoir fait ce qu'il fallait pour épargner à ceux qui voient le dégoût du vice opposé.

Si on lui versait à boire, elle connaissait, au bruit de la liqueur en tombant, lorsque son verre était assez plein. Elle prenait les aliments avec une circonspection et une adresse surprenantes.

Elle faisait quelquefois la plaisanterie de se placer devant un miroir pour se parer, et d'imiter toutes les mines d'une coquette qui se met sous les armes.

Cette petite singerie était d'une vérité à faire éclater de rire. [...]

Elle était peu sensible aux charmes de la jeunesse et peu choquée des rides de la vieillesse. Elle disait qu'il n'y avait que les qualités du cœur et de l'esprit qui fussent à redouter pour elle. C'était encore un des avantages de la privation de la vue, surtout pour les femmes. « Jamais, disait-elle, un bel homme ne me fera tourner la tête. » [...]

On lui avait appris la musique par des caractères en relief qu'on plaçait sur des lignes éminentes à la surface d'une grande table. Elle lisait ces caractères avec la main ; elle les exécutait sur son instrument, et en très peu de temps d'étude elle avait appris à jouer en partie la pièce la plus longue et la plus compliquée.

Elle possédait des éléments d'astronomie, d'algèbre et de géométrie. Sa mère, qui lui lisait le livre de l'abbé de La Caille, lui demandait quelquefois si elle entendait cela : « Tout courant », lui répondait-elle.

Elle prétendait que la géométrie était la vraie science des aveugles, parce qu'elle appliquait fortement, et qu'on n'avait besoin d'aucun secours pour se perfectionner. « Le géomètre, ajoutait-elle, passe presque toute sa vie les yeux fermés. »

J'ai vu les cartes sur lesquelles elle avait étudié la géographie. Les parallèles et les méridiens sont des fils de laiton ; les limites des royaumes et des provinces sont distinguées par de la broderie en fil, en soie et en laine plus ou moins forte ; les fleuves, les rivières et les montagnes, par des têtes d'épingles plus ou moins grosses ; et les villes plus ou moins considérables, par des gouttes de cire inégales.

Je lui disais un jour :

François Le Sueur n'avait, à 17 ans, aucune notion relative aux lettres. En trois mois, il parvint à lire, à imprimer et à écrire, en caractères en relief.

« Mademoiselle, figurez-vous un cube. – Je le vois. – Imaginez au centre du cube un point. – C'est fait. – De ce point tirez des lignes droites aux angles ; eh bien, vous aurez divisé le cube. – En six pyramides égales, ajouta-t-elle d'elle-même, ayant chacune les mêmes faces, la base du cube et la moitié de sa hauteur. – Cela est vrai ; mais où voyez vous cela ? – Dans ma tête, comme vous. » [...]

Je ne vous ai pas dit, sur cette jeune aveugle, tout ce que j'en aurais pu observer en la fréquentant davantage et en l'interrogeant avec du génie ; mais je vous donne ma parole d'honneur que je ne vous en ai rien dit que d'après mon expérience.

Elle mourut, âgée de vingt-deux ans. Avec une mémoire immense et une pénétration égale à sa mémoire, quel chemin n'aurait-elle pas fait dans les sciences, si des jours plus longs lui avaient été accordés ! [...]

Diderot

Au centre de Notre-Dame de Paris, *grand roman gothique et visionnaire de Victor Hugo, paru en 1831, Quasimodo, sourd et contrefait, est le témoin presque angélique de la fatalité.*

Bossu, borgne, boiteux

Toute ville au Moyen Age, et, jusqu'à Louis XII, toute ville en France avait ses lieux d'asile. Ces lieux d'asile, au milieu du déluge de lois pénales et de juridictions barbares qui inondaient la cité, étaient des espèces d'îles qui s'élevaient au-dessus du niveau de la justice humaine. Tout criminel qui y abordait était sauvé. Il y avait dans une banlieue presque autant de lieux d'asile que de lieux patibulaires. C'était l'abus de l'impunité à côté de l'abus des supplices, deux choses mauvaises qui tâchaient de se corriger l'une par l'autre. Les palais du roi, les hôtels des princes, les églises surtout avaient droit d'asile. Quelquefois d'une ville tout entière qu'on avait besoin de repeupler on faisait temporairement un lieu de refuge. Louis XI fit Paris asile en 1467.

Une fois le pied dans l'asile, le criminel était sacré ; mais il fallait qu'il se gardât d'en sortir. Un pas hors du sanctuaire, il retombait dans le flot. La roue, le gibet, l'estrapade faisaient bonne garde à l'entour du lieu de refuge, et guettaient sans cesse leur proie comme les requins autour du vaisseau. On a vu des condamnés qui blanchissaient ainsi dans un cloître, sur l'escalier d'un palais, dans la culture d'une abbaye, sous un porche d'église ; de cette façon l'asile était une prison comme une autre. Il arrivait quelquefois qu'un arrêt solennel du parlement violait le refuge et restituait le condamné au bourreau ; mais la chose était rare. Les parlements s'effarouchaient des évêques, ct, quand ces deux robes-là en venaient à se froisser, la simarre n'avait pas beau jeu avec la soutane. [...]

Comme beaucoup d'exclus du Moyen Âge, Quasimodo trouve refuge dans un sanctuaire, auprès du chapelain Claude Frollo.

Il y avait autour des refuges un tel respect, qu'au dire de la tradition, il prenait parfois jusqu'aux animaux. Aymoin conte qu'un cerf, chassé par Dagobert, s'étant réfugié près du tombeau de saint Denys, la meute s'arrêta tout court en aboyant.

Les églises avaient d'ordinaire une logette préparée pour recevoir les suppliants. En 1407, Nicolas Flamel leur fit bâtir, sur les voûtes de Saint-Jacques-de-la-Boucherie, une chambre qui lui coûta quatre livres six sols seize deniers parisis.

“ Oui, je suis sourd. Mais vous me parlerez par gestes, par signes. Et puis, je saurai bien vite votre volonté au mouvement de vos lèvres, à votre regard. ”

A Notre-Dame, c'était une cellule établie sur les combles des bas côtés sous les arcs-boutants, en regard du cloître, précisément à l'endroit où la femme du concierge actuel des tours s'est pratiqué un jardin, qui est aux jardins suspendus de Babylone ce qu'une laitue est à un palmier, ce qu'une portière est à Sémiramis.

C'est là qu'après sa course effrénée et triomphale sur les tours et les galeries, Quasimodo avait déposé la Esmeralda. [...]

Sourd

Le lendemain matin, elle s'aperçut en s'éveillant qu'elle avait dormi. Cette chose singulière l'étonna. Il y avait si longtemps qu'elle s'était déshabituée du sommeil. Un joyeux rayon du soleil levant entrait dans sa lucarne et lui venait frapper le visage. En même temps que le soleil, elle vit à cette lucarne un objet qui l'effraya, la malheureuse figure de Quasimodo. Involontairement elle referma les yeux, mais en vain ; elle croyait toujours voir à travers sa paupière rose ce masque de gnome, borgne et brèche-dent. Alors, tenant toujours ses yeux fermés, elle entendit une rude voix qui disait très doucement : – N'ayez pas peur. Je suis votre ami. J'étais venu vous voir dormir. Cela ne vous fait pas de mal, n'est-ce pas, que je vienne vous voir dormir ? Qu'est-ce que cela vous fait que je sois là quand vous avez les yeux fermés ? Maintenant je vais m'en aller. Tenez, je me suis mis derrière le mur. Vous pouvez rouvrir les yeux.

Il y avait quelque chose de plus plaintif encore que ces paroles, c'était l'accent dont elles étaient prononcées. L'Egyptienne touchée ouvrit les yeux. Il n'était plus en effet à la lucarne. Elle alla à cette lucarne, et vit le pauvre bossu blotti à un angle de mur, dans une attitude douloureuse et résignée. Elle fit un effort pour surmonter la répugnance qu'il lui inspirait. – Venez, lui dit-elle doucement. Au mouvement des lèvres de l'Egyptienne, Quasimodo crut qu'elle le chassait ; alors il se leva et se retira en boitant, lentement la tête baissée, sans même oser lever sur la jeune fille son regard plein de désespoir. – Venez donc, cria-t-elle. Mais il continuait de s'éloigner. Alors elle se jeta hors de sa cellule, courut à lui, et lui prit le bras. En se sentant touché par elle, Quasimodo trembla de tous ses membres. Il releva son œil suppliant, et, voyant qu'elle le ramenait près d'elle, toute sa face rayonna de joie et de tendresse. Elle voulait le faire entrer dans sa cellule, mais il s'obstina à rester sur le seuil. – Non, non, dit-il, le hibou n'entre pas dans le nid de l'alouette.

Alors elle s'accroupit gracieusement sur sa couchette avec sa chèvre endormie à ses pieds. Tous deux restèrent quelques instants immobiles, considérant en silence, lui tant de grâce, elle tant de laideur. A chaque moment, elle découvrait en Quasimodo quelque difformité de plus. Son regard se promenait des genoux cagneux au dos bossu, du dos bossu à l'œil unique. Elle ne pouvait comprendre qu'un être si gauchement ébauché existât. Cependant il y avait sur tout cela tant de tristesse et de douceur répandues qu'elle commençait à s'y faire.

Il rompit le premier le silence. – Vous me disiez donc de revenir ?

Elle fit un signe de tête affirmatif, en disant : – Oui.

Il comprit le signe de tête. – Hélas ! dit-il comme hésitant à achever, c'est que... je suis sourd.

– Pauvre homme ! s'écria la bohémienne avec une expression de bienveillante pitié.

Il se mit à sourire douloureusement. – Vous trouvez qu'il ne me manquait que cela, n'est-ce pas ? Oui, je suis sourd. C'est comme cela que je suis fait. C'est horrible, n'est-il pas vrai ? Vous êtes si belle, vous !

Il y avait dans l'accent du misérable un sentiment si profond de sa misère qu'elle n'eut pas la force de dire une parole. D'ailleurs il ne l'aurait pas entendue. Il poursuivit.

– Jamais je n'ai vu ma laideur comme à présent. Quand je me compare à vous, j'ai bien pitié de moi, pauvre malheureux monstre que je suis ! Je dois vous faire l'effet d'une bête, dites. – Vous, vous êtes un rayon de soleil, une goutte de rosée, un chant d'oiseau ! – Moi, je suis quelque chose d'affreux, ni homme, ni animal, un je ne sais quoi plus dur, plus foulé aux pieds et plus difforme qu'un caillou !

Alors il se mit à rire, et ce rire était ce qu'il y a de plus déchirant au monde. Il continua :

– Oui, je suis sourd. Mais vous me parlerez par gestes, par signes. J'ai un maître qui cause avec moi de cette façon. Et puis, je saurai bien vite votre volonté au mouvement de vos lèvres, à votre regard.[...]

Il tira de sa poche un petit sifflet de métal. – Tenez, dit-il, quand vous aurez besoin de moi, quand vous voudrez que je vienne, quand vous n'aurez pas trop d'horreur à me voir, vous sifflerez avec ceci. J'entends ce bruit-là.

Il déposa le sifflet à terre et s'enfuit.

Victor Hugo,
Notre-Dame de Paris

Chez Guy de Maupassant, digne émule de Flaubert et maître du courant réaliste, point de commentaires personnels : le malaise naît du texte brut (publié en 1885), de la cruauté et du mépris des paysans à l'encontre de l'infirme.

Le gueux

Il avait connu des jours meilleurs, malgré sa misère et son infirmité.

A l'âge de quinze ans, il avait eu les deux jambes écrasées par une voiture sur la grand-route de Varville. Depuis ce temps-là, il mendiait en se traînant le long des chemins, à travers les cours de fermes, balancé sur ses béquilles qui lui avaient fait remonter les épaules à la hauteur des oreilles. Sa tête semblait enfoncée entre deux montagnes.

Enfant trouvé dans un fossé par le curé des Billettes, la veille du jour des morts, et baptisé, pour cette raison, Nicolas Toussaint, élevé par charité, demeuré étranger à toute instruction, estropié après avoir bu quelques verres d'eau-de-vie offerts par le boulanger du village, histoire de rire, et, depuis lors, vagabond, il ne sait rien faire autre chose que tendre la main.

Autrefois la baronne d'Avary lui abandonnait, pour dormir, une espèce de niche pleine de paille, à côté du poulailler, dans la ferme attenante au château ; et il était sûr, aux jours de grande famine, de trouver toujours un morceau de pain et un verre de cidre à la cuisine. Souvent il recevait encore là quelques sols jetés par la vielle dame du haut de son perron ou des fenêtres de sa chambre. Maintenant elle était morte.

Dans les villages, on ne lui donnait guère : on le connaissait trop ; on était fatigué de lui depuis quarante ans qu'on le voyait promener de masure en masure son corps loqueteux et difforme sur ses deux pattes de bois. Il ne voulait point s'en aller cependant, parce qu'il ne connaissait pas autre chose sur la terre que ce coin de pays, ces trois ou quatre hameaux où il avait traîné sa vie misérable. Il avait mis des frontières à sa mendicité et il n'aurait jamais passé les limites qu'il était accoutumé de ne point franchir.

Il ignorait si le monde s'étendait encore loin derrière les arbres qui avaient borné sa vue. Il ne se le demandait pas. Et quand les paysans, las de le rencontrer toujours au bord de leurs champs ou le long de leurs fossés, lui criaient : « Pourquoi qu'tu n'vas point dans l's autes villages, au lieu d'béquiller toujours par ci ? » il ne répondait pas et s'éloignait, saisi d'une peur vague de l'inconnu, d'une peur de pauvre qui redoute confusément mille choses, les visages nouveaux, les injures, les regards soupçonneux des gens qui ne le connaissaient pas, et les gendarmes qui vont deux par deux sur les routes et qui le faisaient plonger, par instinct, dans les buissons ou derrière le tas de cailloux.

Quand il les apercevait au loin, reluisants sous le ciel, il trouvait soudain une agilité singulière, une agilité de monstre pour gagner quelque cachette. Il dégringolait de ses béquilles, se laissant tomber à la façon d'une loque, et il se roulait en boule, devenait tout petit, invisible, rasé comme un lièvre au gîte, confondant ses haillons bruns avec la terre.

Mais, quand on vint pour l'interroger, au petit matin, on le trouva mort, sur le sol. Quelle surprise !

Guy de Maupassant,
Contes du jour et de la nuit

RECOMPENSE

Enfance et lésions cérébrales – des enfants différents !

Grossesses à problèmes, naissances difficiles ou prématurées sont parfois à l'origine d'infirmités motrices cérébrales plus ou moins graves, qui se révèlent plus ou moins rapidement.

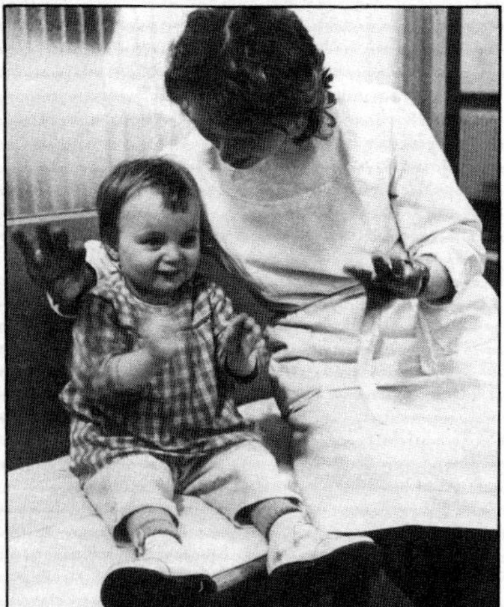

L'importance d'une rééducation précoce.

L'odyssée de la naissance

La naissance est une belle aventure, une épreuve naturelle, superbement orchestrée... elle est une épreuve semée de risques immédiats et ultérieurs pour 1,8 enfant sur 1 000 qui vont subir un traumatisme obstétrical. On entend par ce terme *tout* ce qui peut altérer le bon fonctionnement cérébral du fœtus et/ou du nouveau-né, voire du nourrisson. De nombreuses causes peuvent en être responsables mais toutes concourent à priver le cerveau de matières premières indispensables, en particulier d'oxygène, véhiculées par le sang.

La *grossesse* est une période pendant laquelle les infections par certains virus ou certains parasites (toxoplasmose par exemple) peuvent provoquer peu d'ennuis à la mère et beaucoup au fœtus, de même que certaines malnutritions, intoxications chez la mère. Celle-ci peut être atteinte d'une maladie, antérieure ou contemporaine de sa grossesse, qui altère les échanges avec le placenta et crée lentement, sournoisement des conditions précaires au bon développement du fœtus.

L'accouchement lui-même peut se dérouler assez mal. Le manque d'alimentation suffisante des zones nobles du cerveau a été trop long ou trop profond et laisse une cicatrice définitive.

Mais il y a des cas nombreux où ce n'est pas l'accouchement lui-même qui est délicat mais le bébé. C'est le cas des *prématurés* nés avant la 36e semaine de gestation, de très petit poids, vulnérables à toute sorte de complications. Après des phases difficiles, le plus grand nombre s'en sort bien, un petit nombre avec des cicatrices cérébrales qui feront parler d'elles plus tard...

Des infections du système nerveux central (méningite, encéphalite...) sont une autre cause de dégâts cérébraux. Elles sont en voie de disparition, grâce au progrès.

Pourquoi certains enfants résistent-ils bien à des moments de souffrance aiguë sans lendemain, pourquoi d'autres gardent-ils toute leur vie des séquelles plus ou moins graves de cette pathologie ? Trois facteurs comptent ! La durée de la souffrance cérébrale, la qualité et la rapidité de sa correction par soins intensifs, la résistance du sujet à dépasser un moment critique.

Le nombre de cellules nerveuses perfectionnées (les neurones) est au maximum à la naissance et toute perte de celles-ci est irrémédiable dans l'état actuel des connaissances médicales. Pourtant toute agression dans un système biologique entraîne un essai de réparation dans les limites du possible. La restauration fonctionnelle va se faire lentement, le cerveau abîmé se répare tant bien que mal, selon la gravité, l'étendue des lésions, leur emplacement dans la cartographie cérébrale.

Dans la période privilégiée qu'est la période périnatale, le cerveau est loin d'avoir terminé sa maturation ; tous les apprentissages sont à faire ; on peut donc penser que des suppléances nombreuses peuvent se créer sans aller jusqu'à la totale normalisation. A l'inverse de l'adulte qui, victime de lésions cérébrales, perd du même coup des apprentissages qu'il avait déjà mis en mémoire et des disponibilités cellulaires.

La notion de *temps* apparaît nettement dans le chapitre des conséquences exactes d'une atteinte cérébrale. Visible ou non par des examens autres que cliniques, cette atteinte ne peut laisser présager entièrement de la qualité de la vie future ou de ses restrictions. Si certains indices sont précieux pour rassurer des parents inquiets, certains sont plus faibles pour ne pas laisser place au doute...

Une longue pratique de consultation pédiatrique en milieu spécialisé neurologique montre bien que les parents viennent demander avis dans trois cas différents : *le doute* existe depuis la naissance tapageuse et pleine de péripéties, *le doute* réapparaît après une période de convalescence où tout semblait rentrer dans l'ordre, *le doute* survient après un temps libre de toute inquiétude car rien n'annonçait la tempête.

Voici le scénario banal d'un drame à quatre personnages, et trois voix ; le nourrisson, les parents et le médecin.

Témoignage : le doute depuis la naissance

Les Parents

Docteur, nous avons des inquiétudes sur le développement de notre enfant ; il a 7 mois maintenant. Depuis sa naissance prématurée, rien n'a été simple. Il est allé dans un service de réanimation néo-natale où les médecins nous ont prévenus qu'il y avait des risques pour son cerveau... Il est élevé en crèche mais les puéricultrices sont d'accord avec nous. Il tient mal sa tête, ses jambes sont raides, il les remue peu.

Docteur, qu'est-ce qu'il a ? Est-ce qu'il est en retard parce qu'il est ancien prématuré ?

Le Médecin

Racontez-moi, ce qui s'est passé à la naissance.

La Mère

Sans que rien ne le laisse prévoir, j'ai accouché à 32 semaines de grossesse, il

La vie devant soi.

pesait 1,600 kg. Le SAMU l'a amené de la clinique à l'hôpital où il a été soigné 6 semaines avant qu'il nous soit rendu. Il a fait une petite maladie respiratoire, mais il a poussé assez vite.

Le Médecin

Deshabillez-le, s'il vous plaît.

[Pendant que la maman s'exécute, le bébé la regarde intensément, pleure un peu, se calme au son de sa voix ...]

Monsieur, madame, votre bébé est éveillé comme un enfant du même âge. Il s'intéresse à l'entourage, suit des yeux, tourne la tête vers les jouets sonores. Il gazouille pour nous communiquer son plaisir, il sait déjà se calmer à un contact apaisant. Il saisit les objets qu'on lui tend, essaie de les mettre à sa bouche.

Mais, c'est vrai, vous avez raison, ses jambes sont capables de peu de mouvements spontanés, se croisent quand il tente de se redresser. Il tient debout par excès quand je le maintiens et s'écroule brusquement sans freiner son affaissement.

Les Parents

Ça va passer, au moins ? Ça ne va pas rester, comme ça, un handicap ?

Le Médecin

Je peux dire qu'il a une réelle difficulté à organiser sa motricité et que cet état actuel est compatible avec l'histoire de sa naissance. Cependant, pour en dire davantage, il faut que je vérifie les progrès qu'il peut faire en 1 ou 2 mois. Je vous propose une rééducation motrice qui va lui fournir des stimulations originales. Il a déjà une réactivité de son dos, ce qui est un atout pour son devenir. Si vous êtes d'accord je vais vous confier à un kinésithérapeute entraîné à ce type de prise en charge.

Quelques mois se passent – nouvelle consultation

Les Parents

Notre petit garçon a fait des progrès, c'est l'avis général. A la crèche, les puéricultrices sont contentes d'avoir pu parler au kinésithérapeute. Maintenant le petit bouge ses jambes, commence à se retourner et à ramper à la force de ses bras. Mais à 9 mois, il ne tient pas assis. Quand va-t-il récupérer ?

Le Médecin

Se confirment, à l'examen, un bon comportement, une bonne relation et un développement mental satisfaisants, mais il existe des troubles neurologiques indiscutables aux membres inférieurs. Votre fils commence à les contourner pour agir. J'ai assez d'arguments pour dire qu'il va s'asseoir, se déplacer et marcher, mais pas aussi rapidement qu'on pourrait l'espérer. Sa démarche sera différente de celle des autres enfants, même si la récupération est bien amorcée.

Les Parents

Alors, on verra quelque chose qui

n'est pas normal ? Et la rééducation, elle durera longtemps ?

Le Médecin

Oui, on notera une anomalie mais il faut laisser du temps à cet enfant pour trouver des solutions à ses raideurs musculaires et à sa faiblesse d'équilibration. Il doit avec son rééducateur travailler une formule intermédiaire et ne pas en rester au trop ou au trop peu.

Les Parents

On á commencé trop tard la rééducation ?

Le Médecin

Non, l'enfant en profite pleinement en ce moment et vous-mêmes pouvez nous aider dans notre tâche en faisant répéter des mouvements utiles, en apprenant à le porter ou à l'installer dans des conditions favorables à son développement moteur. L'enfant a besoin de sécurité, de confort afin de conserver son appétit à apprendre, à communiquer ses joies, ses déplaisirs, sa sérénité...

Quelques mois plus tard

Les Parents

En somme, il est handicapé d'après vous ? Il ne sera jamais normal...

Le Médecin

Il sera différent, son intelligence va continuer à évoluer mais il gardera une infirmité d'origine cérébrale. Mais c'est un enfant avant tout, qu'il faut élever en respectant son rythme d'acquisitions motrices. Il faut lui parler de sa différence ; même à votre fille aînée, vous devez répondre quand elle vous interroge sur votre tristesse, vos larmes, votre révolte, quand elle jalouse un petit frère qui grandit mais qui continue à être porté dans les bras, trop serré contre vous à son gré !

La vie devant soi

L'histoire ne s'arrête pas là. C'est le début d'une longue période d'aide à la famille et à l'enfant. Cet enfant est un IMC (Infirme moteur cérébral), son handicap rentre dans le cadre d'une maladie de Little, complication de la prématurité. Le trouble moteur peut être léger ou grave.

Ce témoignage et d'autres nous apprennent la dureté de la révélation d'un trouble chronique, marque indélébile d'une histoire cérébrale ancienne, l'importance d'une analyse des déficits variés qui peuvent en découler. Beaucoup de difficultés ne sont pas manifestes au premier coup d'œil : les troubles épileptiques, déficits sensoriels, troubles de l'attention, passivité. A l'inverse on a tendance à juger sévèrement des enfants sur leur aspect extérieur, parfois terrible. Murés dans leur infirmité corporelle, on serait susceptible de passer à côté de leur langage intérieur ou à côté de capacités de compensation...

On ne peut jamais dire « une légère hémiplégie congénitale » qui peut provoquer, par les troubles associés, une entrave à l'insertion sociale, on ne peut jamais dire qu'il n'y a pas d'espoir d'une vie intéressante quand on connaît la motivation des grands infirmes physiques à entreprendre et réussir une formation professionnelle et une vie de personnes responsables.

Il y a lieu de créer des liens et un espace de confiance entre les familles éprouvées et l'enfant touché. Il y a lieu de lui donner la parole, à lui qui fera de sa vie, le reflet de ce que les autres lui auront donné.

La nature crée des différences, que la société n'en fasse pas des inégalités.

Docteur Danièle Truscelli.

Législation et handicap

Les personnes handicapées ont des droits égaux à ceux de tous les autres individus de la communauté. Elles ont aussi des droits particuliers. Si l'affirmation de ces droits paraît universelle, leur mise en œuvre est encore trop partielle, se heurtant à des barrières juridiques, financières, culturelles et psychologiques.

Manifestation de personnes handicapées devant la Maison Blanche.

Déclaration des Nations Unies au sujet des droits des personnes handicapées

Aux termes de la résolution 3347 (XXX), adoptée sans vote le 9 décembre 1975, l'Assemblée générale des Nations unies a proclamé la Déclaration des droits des personnes handicapées et a demandé qu'une action soit entreprise, sur le plan national et international, afin que cette déclaration constitue une base et une référence communes pour la protection de ces droits. On rapprochera avec intérêt ce texte de la déclaration des droits des déficients mentaux adoptée par cette même Assemblée le 20 décembre 1971.

Cette résolution souligne le fait que les personnes handicapées ont les mêmes droits civils et politiques que les autres êtres humains. Le dispositif en est ainsi conçu :

1. Le terme « handicapé » désigne toute personne dans l'incapacité d'assurer par elle-même tout ou partie des nécessités d'une vie individuelle ou sociale normale, du fait d'une déficience, congénitale ou non, de ses capacités physiques ou mentales.

2. Le handicapé doit jouir de tous les droits énoncés dans la présente Déclaration. Ces droits doivent être reconnus à tous les handicapés sans exception aucune et sans distinction ou discrimination fondée sur la race, la couleur, le sexe, la langue, la religion, les opinions politiques ou autres, l'origine nationale ou sociale, l'état de fortune, la naissance ou sur toute autre situation, que celle-ci s'applique au handicapé lui-même ou à sa famille.

3. Le handicapé a essentiellement droit au respect de sa dignité humaine. Le handicapé, quelles que soient l'origine, la nature et la gravité de ses

troubles et déficiences, a les mêmes droits fondamentaux que ses concitoyens du même âge, ce qui implique en ordre principal celui de jouir d'une vie décente, aussi normale et épanouie que possible.

4. Le handicapé a les mêmes droits civils et politiques que les autres êtres humains ; le paragraphe 7 de la Déclaration des droits du déficient mental est applicable à toute limitation ou suppression de ces droits dont le handicapé mental serait l'objet.

5. Le handicapé a droit aux mesures destinées à lui permettre d'acquérir la plus large autonomie possible.

6. Le handicapé a droit aux traitements médical, psychologique et fonctionnel, y compris aux appareils de prothèse et d'orthèse ; à la réadaptation médicale et sociale ; à l'éducation ; à la formation et à la réadaptation professionnelle ; aux aides conseils, services de placement et autres services qui assureront la mise en valeur maximale de ses capacités et aptitudes et hâteront le processus de son intégration ou de sa réintégration sociale.

7. Le handicapé a droit à la sécurité économique et sociale et à un niveau de vie décent. Il a le droit, selon ses possibilités, d'obtenir et de conserver un emploi ou d'exercer une occupation utile, productive et rémunératrice, et de faire partie d'organisations syndicales.

8. Le handicapé a droit à ce que ses besoins particuliers soient pris en considération à tous les stades de la planification économique et sociale.

9. Le handicapé a le droit de vivre au sein de sa famille, ou d'un foyer s'y substituant, et de participer à toutes activités sociales, créatives ou récréatives. Aucun handicapé ne peut être astreint, en matière de résidence, à un traitement distinct qui n'est pas exigé par son état ou par l'amélioration qui peut lui être apportée. Si le séjour du handicapé dans un établissement spécialisé est indispensable, le milieu et les conditions de vie doivent y être aussi proches que possible de ceux de la vie normale des personnes de son âge.

10. Le handicapé doit être protégé contre toute exploitation, toute réglementation ou tout traitement discriminatoires, abusifs ou dégradants.

11. Le handicapé doit pouvoir bénéficier d'une assistance légale qualifiée lorsque pareille assistance se révèle indispensable à la protection de sa personne et de ses biens. S'il est l'objet de poursuites judiciaires, il doit bénéficier d'une procédure régulière qui tienne pleinement compte de sa condition physique ou mentale.

12. Les organisations de handicapés peuvent être utilement consultées sur toutes les questions concernant les droits des handicapés.

13. Le handicapé, sa famille et sa communauté doivent être pleinement informés, par tous moyens appropriés, des droits contenus dans la présente Déclaration.

Loi d'orientation en faveur des personnes handicapées (extraits)

Art. 1er. – La prévention et le dépistage des handicaps, les soins, l'éducation, la formation et l'orientation professionnelle, l'emploi, la garantie d'un minimum de ressources, l'intégration sociale et l'accès aux sports et aux loisirs du mineur et de l'adulte handicapés physiques, sensoriels ou mentaux constituent une obligation nationale.

Les familles, l'État, les collectivités locales, les établissements publics, les organismes de sécurité sociale, les associations, les groupements, organismes et entreprises publics et privés associent leurs interventions pour mettre en œuvre cette obligation en vue notamment d'assurer aux personnes handicapées toute l'autonomie dont elles sont capables.

A cette fin, l'action poursuivie assure, chaque fois que les aptitudes des personnes handicapées et de leur milieu familial le permettent, l'accès du mineur et de l'adulte handicapés aux institutions ouvertes à l'ensemble de la population et de leur maintien dans un cadre ordinaire de travail et de vie.

L'État coordonne et anime ces interventions par l'intermédiaire du comité interministériel de coordination en matière d'adaptation et de réadaptation, assisté d'un conseil national consultatif des personnes handicapées dont la composition et le fonctionnement seront déterminés par décret et comprenant des représentants des associations et organismes publics et privés concernés.

Art. 2. – Des dispositions réglementaires détermineront les conditions dans lesquelles sera poursuivie une politique active de prévention contre les handicaps de l'enfance, tant dans le cadre de la périnatalité que dans celui de la pathologie cérébrale et de la pathologie génétique. Le ministère de la santé présentera, dans un délai de deux ans, un rapport sur les conditions dans lesquelles a été poursuivie cette politique ainsi que sur les résultats provisoires obtenus.

Loi du 10 juillet 1987 (extraits)

Obligations d'emploi

– Tout employeur occupant au moins 20 salariés est tenu d'employer

les bénéficiaires de la loi (voir ci-dessous) dans la proportion de 6 % de l'effectif total de ses salariés,

– Pour les entreprises à établissements multiples, cette obligation s'applique établissement par établissement.

Employeurs assujettis

Tout employeur concerné par le quota :

– les entreprises et organismes divers du secteur privé,

– les établissements publics industriels et commerciaux,

– l'Etat et les établissements publics de l'Etat,

– les collectivités territoriales et leurs établissements publics y compris la fonction publique hospitalière.

Bénéficiaires

1 - Travailleurs handicapés reconnus par la Commission technique d'orientation et de reclassement professionnel,

2 - Victimes d'accidents du travail ou de maladies professionnelles ayant entraîné une IPP au moins égale à 10 %,

3 - Titulaires d'une pension d'invalidité de la Sécurité Sociale s'il y a réduction de 2/3 de leur capacité de travail ou de gain,

4 - Les mutilés de guerre et assimilés.

BIBLIOGRAPHIE

Jean Bernard *l'Homme changé par l'homme, l'Espérance ou le Nouvel Espoir de la médecine,* Buchet/Chastel.

Pierre Buser, Michel Imbert *Audition, Vision,* Hermann, 1987.

Georges Canguilhem *le Normal et le pathologique,* Quadrige/PUF, 1984.

Paul Christophe *les Pauvres et la pauvreté, des origines au XVe siècle*, Desclées, Paris, 1985.

Marc-Adrien Dollfus *Histoire de la médecine, de la pharmacie, de l'art dentaire et de l'art vétérinaire* en 8 volumes, Albin Michel/Laffont/Tchou, Paris 1977-1980.

Michel Dufrenne *l'Œil et l'oreille,* Essai/l'Hexagone, 1987.

Gert Hofmann *la Chute des aveugles,* Pavillon/Laffont, 1987.

Claude-Henri Rocquet *Bruegel ou l'Atelier des Songes,* Denoël, 1987.

Oliver Sacks *Sur une jambe*, Seuil, 1987.

Monique Saladin, Alain Casanova, Umberto Vidali *Vidéothèque internationale, handicap, marginalité, intégration sociale,* CNAM - STARFILM - DID, 1981-1987.

Behdjat Sedaghat, Guy Fajal *Histoire de la prothèse externe*, CNAM - CSI, 1984.

Henri-Jacques Stiker *Corps infirmes et sociétés*, Aubier-Montaigne, 1982.

Jurgen Thorwald *Ceux qui guérissent et ceux qui meurent*, Albin Michel, 1974.

Dominique Weygand *les Sources d'information d'un handicapé visuel : application à la création d'un laboratoire d'électronique*, thèse de doctorat, Clermont-Ferrand, 1976.

Zina Weygand *les Causes de la cécité et les soins oculaires en France au début du XIXe siècle,* mémoire de maîtrise, Sorbonne, Paris-IV, 1987.

Réduire le handicap, Rapport INSERM - La Documentation française.

Quelques revues périodiques

Réadaptation, Ombres et Lumière (O.C.H.), *Revue de la Mutualité, Mutualistes, Plainpied, Solidarité* (Afrique de l'Ouest), *Revue de l'APAJH* (Association pour adultes et jeunes handicapés), *Cahiers de LADAPT* (Ligue pour l'adaptation des diminués physiques au travail), *le Louis Braille, Comme les Autres, le Trait d'union, Communiquer* (ANPEDA), *Au fil des jours* (CNFLRH), *Défi* (IMC), *Épanouir* (UNAPEI), *Faire face* (APF), *Poincarré* (Garches), *Vaincre les myopathies.*

FILMOGRAPHIE

Die Blechtrommel (*le Tambour*), Volker Schlöndorff, 1979. D'après le roman de Günter Grass, vingt ans de la vie d'un enfant de Dantzig, qui refuse de grandir, à l'époque du nazisme.

Coming Home (*le Retour*), Hal Ashby, 1978. La difficile réinsertion de soldats rentrant infirmes du Viêt-nam.

Elephant Man, David Lynch, 1980. Un homme au visage monstrueusement déformé, dans l'Angleterre victorienne, doit de prêter aux exhibitions de foire.

Les Enfants du silence, 1987.

Freaks (*la Monstrueuse Parade*), Tod Browning, 1932, avec entre autres acteurs, les sœurs siamoises Daisy et Violet Hilton, l'homme-tronc Johnny Eck, le nain Angelo, le torse vivant Rudiar. Le film se déroule dans un cirque, où l'on assiste à la révolte des monstres, dans une atmosphère de cour des miracles.

Johnny got his Gun (*Johnny s'en va-t'en guerre*), Dalton Trumbo, 1971. Le cas clinique d'un jeune homme blessé pendant la guerre, devenu une véritable larve humaine, auquel reste pourtant un sens : le toucher.

The Men (*C'étaient des hommes*), Zinnemann, 1950. L'histoire d'un grand blessé de guerre.

Monsieur Vincent, Maurice Cloche, 1947.

Les nains ont commencé petits, Werner Herzog, 1968.

One Flew over the Cuckoo's Nest (*Vol au-dessus d'un nid de coucou*), Milos Forman, 1975. Un nouveau venu sème la perturbation dans un service hospitalier de psychiatrie et redonne aux malades le goût de vivre.

Profumo di donna (*Parfum de femme*), Dino Risi, 1974. Un aveugle et un adolescent en quête de femmes.

Si Pitiang (*l'Estropié*), Kotot Sukardi, 1952. L'histoire d'un enfant estropié pendant la guerre de libération indonésienne.

La Symphonie pastorale, Jean Delannoy, 1946. D'après le roman d'André Gide : l'histoire d'une jeune aveugle.

Wait until Dark (*Seule dans la nuit*), Terence Young, 1967.

COUVERTURE

1er plat Diagnostic au laser, détail de vertèbre, prothèse de hanche, stimulateur spinal, stimulateur cardiaque.
Dos Instrument de chirurgie ancienne, musée Atger Chirurgica d'Albucasis, XIVe siècle.
4e plat *le Général de Pinterille*, portrait anonyme, XIXe siècle, Musée de Toul.

OUVERTURE

Les Gueux, Jacques Callot, Bibl. nat., Paris.
9 *Extraction de la pierre de folie*, peinture de Jérôme Bosch (1450-1516), musée du Prado, Madrid.

CHAPITRE I

10 *Les Estropiés*, peinture, école hollandaise du XVIe siècle, musée des Beaux-Arts de Troyes.
11 *Le Nain du cardinal Grandville tenant un grand chien*, peinture de Antonio Moro, musée du Louvre.
12 Bas-relief du temple de la reine Hatchepsout à Deir el Bahari (détail), Musée égyptien, Le Caire.
13h Serviteur estropié, stèle (1400 av. J-C.), Glyptotek Ny Carlsberg, Copenhague.
13b Satyre, céramique grecque (fin IVe siècle), musée du Louvre,
14 Job malade, gravure de Jean Stella Bibl. nat., Paris.
15 La guérison du paralytique, icône bulgare (fin XVIIe siècle).
16/17 Saint François d'Assise soignant les pestiférés, enluminure du manuscrit *la Franceschina* (XVIe siècle), Bibliothèque Augustea, Pérouse.
18/19 *Les Œuvres de Miséricorde*, maître du fils prodigue, musée des Beaux-Arts de Valenciennes.
20/21 *Les Œuvres de Miséricorde*, peinture, école flamande du XVIe siècle, musée d'Abbeville.
21b *La Maison de secours de Louis Trimoulet*, peinture, CMT de l'Assistance publique.
22 *Une leçon de l'abbé de l'Épée*, peinture de N. Ginouvier (XIXe siècle), peintre sourd-muet, Institut national des jeunes sourds (INJS), Paris.
23g Squelette vu de profil, gravure in *Humani Corpori Fabrica* de Vésale,1543.
23d Dessin anatomique de l'œil, Léonard de Vinci, Organisation mondiale de la santé.
24h Portrait de William Harvey,
24b *Le Médecin Ambroise Paré opérant à la bataille de Nancy*, fresque de Chartran (XIXe siècle), Sorbonne.
25 Jambes artificielles, dessin d'Ambroise Paré (XVIe siècle), Wellcome Institute.
26 Aveugle au métier à tisser, gravure de Julie Ribault, in *Essai sur l'instruction des aveugles* du Dr Guillié, 1817, Paris, bibliothèque de l'Institut d'ophtalmologie.
27h Première anesthésie à l'éther par Morton, le 16 octobre 1846, gravure in *Trials of a Public Benefactor*, de Nathan P. Rice, collection Lausat.
27b Appareil servant à Lister pour pulvériser du phénol, gravure.
28 Examen d'un thorax, radiographie, 1914, Service de radiologie de l'hôpital Cochin.
29h Radiographie de la main de Mme Rœntgen, prise par son mari (22 décembre 1895).
29b Vaccination d'écolières vers 1900, photographie.

CHAPITRE II

30 Microchirurgie binoculaire Zeiss, Stevenson, *Science Photo Library*.
31 Une mère montrant à deux femmes un enfant monstrueux, aquarelle de Goya, musée du Louvre.
32 Chirurgie fœtale sous échographie.
33h Enfant africain « handicapé » en voiturette, Burkina Faso.
33b *Les Juges*, peinture d'André Fougeron, 1950, collection du Syndicat des mineurs CGT.
34 Portrait du peintre Auguste Renoir dans son atelier des Collettes à Cagnes avec Andrée Henschling, photographie, 1915, galerie Durand-Ruel.
35 Le P.E.T. scanner, photographie.
36 Xénographie des voies aériennes supérieures, Centre national de recherches iconographiques (CNRI).
37hg Image du cœur en médecine nucléaire, photographie de Michel Depardieu, INSERM.
37hd Scintigraphie du corps entier, ELSINT-CNRI.
37b Échographie d'un fœtus de 7 mois, CNRI.
38h Imagerie à résonance magnétique (IRM), coupe latérale du crâne, hôpital Pitié-Salpétrière.
38b IRM, coupe fœtale du crâne, *idem*.
39h Artériographie cérébrale.
39b IRM, coupe transversale du crâne.
40/41 Double hélice de l'A.D.N., image de synthèse.
41g Chromosome humain no 12.
41d Caryotype féminin avec Trisomie-21, INSERM.
42 Jean Dausset, portrait.
43g Microchirurgie.
43dh/43db Aiguilles de microchirurgie.
44 Prothèse-charnière du genou.
45g Implant mammaire.
45d Cotyles.
46 *La Naine Doña Mercedes*, peinture de Ignacio Zuloaga, 1899, musée d'Orsay, Paris.
47d Images tomographiques du cerveau par émission de positons, Commissariat à l'énergie atomique, département de biologie, hôpital Frédéric-Joliot, Orsay.

CHAPITRE III

48 Les organes humains et le système musculaire, enluminure XIIIe siècle, Bodleian Library, Oxford.
49 Cœur artificiel, service du Pr Cabrol, hôpital Pitié-Salpétrière.
50/51 « Scaphandre » stérile construit par la NASA pour un enfant privé de défense immunitaire.
50b Sang fractionné, Paul-Brousse/Banque du sang.
52g Circulation extracorporelle.
52m Stimulateur cardiaque.
53 Premier homme doté d'un stimulateur cardiaque.
53m Valvule cardiaque de Stan, service du Pr Cabrol.
54h Cœur artificiel Jarvick.
54b Edward Roberts sous assistance respiratoire permanente, en compagnie de son fils.
55 Dialyse.
56 Rein artificiel portable.
57h Rein dans un filet empêchant les hémorragies, Dr Bilweis, société Étikon/Ethnor.
57m/57b Rein et foie, dessinés par Vésale, in *Humani Corpori Fabrica,* 1543.
58h Portrait de De Graaf, gravure.
58b Étude de la digestion sur un chien,
59h Derme équivalent obtenu en laboratoire, selon la technique de E. Belle, Dr Neveu, CRSSA, Clamart.
59b Coupe de peau au microscope, Pr Dubertret, INSERM.

CHAPITRE IV

60 *Le Jeune Tobie rend la vue à son père,* peinture de Jan van Hemessen, 1555, musée du Louvre.
61 Anatomie de l'œil, manuscrit arabe du XIIIe siècle, Bibliothèque nationale du Caire.
62/63 *Les Aveugles,* Brueghel, musée de Capodimonte, Naples.
64/65 Chirurgie laser de l'œil.
64b Traitement de la cataracte, gravure.
66 Les temps opératoires de la correction de la myopie, Pr Y. Pouliquen, Dr J.-J. Saragoussi, Hôtel-Dieu de Paris.
67 Jorge Luis Borges en Sicile, photographie.
68h Enfant aveugle lisant en braille.
68b Portrait de Louis Braille.
69h Lettre d'Helen Keller, 1931.
69b Helen Keller en 1955, photographie.
70 Micro-caméra pour mal-voyants.
71 *Pierre à lire,* peinture italienne.

CHAPITRE V

72 *Le Jardin des délices,* panneau droit *l'Enfer* (détail), peinture de Jérôme Bosch, musée du Prado, Madrid.
73 *J. R. Pereire enseignant la parole à une jeune sourde,* peinture de Lenepveu, 1861, INJS,
74 Gravure de l'oreille, Duverney, in *Traité de l'organe de l'ouïe,* XVIIe s.
75 Schéma de l'oreille, par von Helmholtz, XIXe siècle.
76h Organe de Corti.
76b Extrémité du nerf auditif dans l'organe de Corti.
77m Les osselets.
77h Chirurgie laser de l'oreille.
78h/79 Cornets acoustiques du XIXe siècle.
78b Le professeur Tournesol, in *le Trésor de Rackam le Rouge,* Hergé, Casterman.
79dm Prothèse intra-auriculaire.
80g/80d Implants cochléaires, INSERM.
81 Une leçon de l'abbé de l'Épée, chromo du XIXe siècle, INJS, Paris.
82 Alphabet de l'abbé de l'Épée pour les sourds, gravure.
83 Rééducation des blessés sourds, 1915.

CHAPITRE VI

84 *Charité de saint Côme et saint Damien,* peinture d'Ambrosius Francken le Vieux, Musées royaux des Beaux-Arts, Anvers.
85 Réduction par ostéosynthèse d'une fracture cu métacarpe.
86h Appareil de réduction orthopédique, gravure in *Feldtbuch der Wundortznep,* 1540.
86b Corset redresseur in *Dictionnaire de chirurgie,* an VII de la République.
87 Ostéosynthèse de fracture cervicale.
88/89 *Hôpital militaire des Français et des Russes à Marienbourg en juin 1807,* anonyme, château de Versailles.
90/91h *Salut aux blessés,* peinture de Charles Fouqueray, 1915, musée des Deux Guerres mondiales, Paris.
90/91b *Les Convalescents,* Firmin Girard, 1861, musée d'Orsay.
92 Main médicale du Pr Rabischong.
93 Mains et avant-bars artificiels.
94 Prothèse de hanche
95 Enfant afghan fêtant sa prothèse.
96 Athlète en fauteuil au marathon de Paris.

TÉMOIGNAGES ET DOCUMENTS

97 Les gueux, dessins de Jérôme Bosch.
98 *Les Mendiants,* Brueghel l'Ancien, musée du Louvre, Paris.
100 *Rixes d'aveugles,* école de Brueghel.
101 Le huart Musées nationaux du Canada.
103 Scènes du marché des Innocents à Paris, musée du Louvre, Paris.
104 Ronsard, Bibl. nat.,Paris.
105 Du Bellay, Bibl. nat.,Paris.
107 *Dioptrique* de Descartes, illustrant la « Lettre sur les aveugles » de Diderot.
109 Aveugle jouant de la vielle, musée de Montluçon.
110 François Le Sueur, aveugle, musée Valentin-Haüy, Paris.
111/112 Gravures in *Notre-Dame de Paris* de Victor Hugo.
115 Le marchand ambulant, gravure.
116 Enfants « handicapés » à la pêche
119 Enfant en rééducation.
120 Manifestation de « handicapés » à Washington.
122 Réintégration des « handicapés ».

A

A.D.N. 40, *40*.
Amblyopie 70.
Aménopé 12.
Anesthésie 35.
Annuaire électronique 83.
Antibiotiques 35.
Antiope, procédé 83.
Aristote 12, 74.
Assistance respiratoire *54* ; ventriculaire provisoire 54.
Audiométrie 75.
Auguste, empereur *11*.
Aveugles 62, *62*, 64, 65, 67, 68, 69, 70 ; Institut national des jeunes 64.

B

Barnard, Christian 53.
Basiliade 16.
Bernard, Claude 49.
Bicêtre *21*.
Biochimie 47.
Biocompatibilité 42.
Biologie moléculaire *42*.
Biomatériaux 43, *44*, *45*.
Biomicroscope 65.
Borges, Jorge Luis 67.
Braille, Louis *68* ; écriture *68*, 69, *69*.
Brueghel *63*.

C

Calcul 55.
Cardiopathie 52.
Cataracte 62, 63, 65, 66, 68.
Cécité 13, *63*, 65, *65*, 66, 67, 70 ; des rivières 66.
Celse 62.
Césarée, Basile de 16.
Chaput, Thierry *119*.
Charles IX 24.
Charles-Quint *11*.
Chimiothérapie 35.
Choroïde 64.
Cochlée 74, 75, *75*, *76* ; lésion de la 76.
Code de Sainteté 13.
Cœur artificiel 54, *55* ; cœur-poumon artificiel *52*.
Coma diabétique 58.
Côme, saint *85*.
Contes du jour et de la nuit 112.
Cophochirurgie 77, *77*.
Corset *86*, 87.
Crick 40.
Cristallin *64*, 66 ; artificiel 66.
Cyclosporine 53.

D

Damien, saint *85*.
Dausset, Jean 42, *42*.
Daviel 66.
Dépistage 40.
Diabétiques insulino-dépendants 58.
Diaconia 16.
Diagnostic 35, 40.
Dialyse, bain de 55.
Diderot *108*.
Dispositifs d'assistance 44.
Duverney, J.G. *74*, 74.

E

Echographie *32*, 40 ; de l'œil 65.
Eglise 14.
Egypte 12, 16, 23.
Electrorétinographie 65.
Épée, abbé de 23, *22*, 81, *81*, *82*.
Essénienne, communauté 13.
Evangiles 14, 62 ; selon saint Luc *15* ; selon saint Mathieu *62*.
Exsanguino-transfusion 50.

F

Fauteuil roulant 94.
Fibroblaste 59.
Filles de la Charité *21*.
Foie artificiel 57.
François d'Assise, saint 16, *17*.
François II 24.
Franklin, Benjamin 71.

G

Galien 23, 24.
Gangrène *19*.
Gardano, Ginolano 22.
Génétique 41.
Gériatrie 34.
Glaucome 66, 68.
Glycémie, taux de 59.
Graham Bell, 78.
Grèce 12.
Greffe d'organe 35 ; cardiaque 53 ; cœur-poumon 54 ; de cornée 66 ; de moelle 51, *51* ; de pancréas 58 ; du rein 56, *57* ; rejet de 42, 53, 56, 59.
Groupes sanguins 35, 50.

H

Hammurabi 13.
Harvey, William 24, *24*.
Haüy, Valentin 23, 64.
Hématologie *42*.
Hémodialyse *55*.
Héparine 56.
Henri II 24.
Henri III 24.
Hexabraille 69.
Hippocrate 74.
Homme réparable, l' *119*.
Hôpital général 17, *21*.
Hôpital des Quinze-Vingt 17, 63.
Hôtel-Dieu 16.
Hôtel des Invalides *21*.
Hountfield, Godfrey *35*.
Hugo, Victor *109-111*.

I

Imagerie à résonance magnétique *46*.
Implants cochléaires 80.
Infirmes et gueux *98-100*.
Insuline 58 ; pompe à 58.
Inuit, conte *101-102*.
Iridectomie 66.
Isaïe 14.

J

Jamet, père 23.
Jarvik VII 54.
Jerôme, saint 62.
Jésus de Nazareth 14, 15, *15*.
Job, livre de 14, *14*.

K

Keller, Helen *69*.
Kératine 59.
Kératotomie radiaire *66*.
Kéroplastie 66.
Kolff, W.J. 56.

L

Landsteiner, Karl 50.
Langue gestuelle 81 ; des signes 82.
Laser 42. *65* ; Argon *65* ; Yag *65*.
Lasérothérapie 65.
Lasso 22.
Lazare de Tormes *103*.
Lebret, J.-L. *42*.
Lecture sur les lèvres 82.
Législation et handicap *114-116*.
Lépreux *17*.
Lésions, du cerveau *35*.
Lettre sur les aveugles *104-108*.
Lévitique 13, 14.
Louis XIII *21*.
Louis XIV *21*.
Lumaaq *101-102*.
Lunettes 70, 71, *71*.

M

Machine d'Aquapente 86 ; Delta 70 ; Kurtzweil 70 ; à lire 69.
MacLeod Cormack, Allan *35*.
Mahomet 14.
Main articulée 93 ; myoélectrique 93. *93*.
Maladie d'Alzheimer 47.
Malnutrition 32.
Marqueurs

biologiques 42.
Maupassant, Guy de *112*.
Médecine néo-natale 32 ; d'urgence 34.
Médicis, Marie de *11*.
Membres, absence de *31* ; artificiel 93.
Microchirurgie des yeux 66.
Minitel 71.
Moïse 13.
Monastères 16.
Mucoviscidose 41, 47.
Myopathie de Duchenne 41.
Myopie *66*, 70.

N

Nain *11*, *46*.
Nanisme *31*, 47.
Navaretta, Juan F.X. 22.
Nerf optique 64.
Notre-Dame de Paris *109-111*.

O

Œuvres de Miséricorde *19*.
O.M.S. 65, 70.
Ophtalmologie 43, 62, 64, *65*.
Ophtalmoscope 64.
Optacon 69, 70, *71*.
Organe de Corti 74, *76*, 83.
Orthèse 86, *86*, 87.
Orthopédique, chaussure 86 ; chirurgie 87, 94.
Otite *74*, 75.
Otospongiose 75, 77.

P

Pancréas artificiel 58, 59
Paré, Ambroise 24, *24*, *63*, 86, 93.
Pays de Pount, reine du *13*.
Peau artificielle 59.
Pellier de Quensy 66.
Penn State *54*.
Pereire 73.
Philippe II d'Espagne 22, 94.
Philippe IV d'Espagne *11*.
Pied artificiel 23.
Platon 13.
Poliomyélite *13*, 32.
Protéines 47.
Prothèse 24, *24* ; acoustique 79 ; auditive 78 ; fonctionnelle *93* ; de hanche 94 ; de marche 94 ; des membres supérieurs 93 ; de l'œil 23, 67 ; ossiculaire 77.

Q R

Qumrân 13.
Réanimation 34.
Rééducation *86*, 95 ; de la parole 80.
Rein artificiel 56, *56*.
Renoir, Pierre-Auguste *34*.
Rétine 64, 65 ; décollement de la 66.
Roberts Edwards *54*.
Rome 12, 23.
Rosen, S. 77.
Rousseau, J.-J. *80*.

S

Saint-Louis 16.
Sang artificiel 51.
Satyre *13*.
Scanner *35*, 40, *46*.
Sicart, abbé 23.
Sourds-muets *22*, *69*, 78
Sparte 13.
Starzi, T. 57.
Sténose *53*.
Stimulateur cardiaque *52*, 53, *53*.
Stimulation électrique fonctionnelle (SEF) 87.
Strabisme 64.
Surdité 13, 74, *78* ; de perception 75, 76, 79 ; de transmission 75, 79.
Surveillance, néo-natale 32 ; prénatale 32.

T

Thermographie 40.
Thyroxine 45.
Tobie 61.
Tonomètre 65.
Toynbie, J. 77.
Transplantation cardiaque 53 ; du foie 57 ; du rein 56 ; sanguine 35.
Trisomie 21, *31*, *41*.
Tympan 74, *74*, 75.
Tympanoplastie 77.

V

Vaccination 32, 35.
Valves cardiaques *53*.
Verres de contact 71.
Vésale 23, *23*, *57*, *63*, 74.
Vierne 68.
Vinci, Léonard de 23, *23*.
Von Bekesy, 75.
Von Helmoltz, Hermann 74.

W X Y Z

Watson, James 40.
Xérophtalmie 66.
Yeux, banque d' 66.
Zotikos 15.

CRÉDITS PHOTOGRAPHIQUES

Archives Durand-Ruel 34. Asen Balika 101. Bouffemont 96. Casterman 78b. CEA, département biologie, hôpital Frédéric-Joliot 47d. CMT Assistance publique 21b, 24hd, 38h, 38b, 43g, 49, 50b, 64b, 86h, 86b. CNRI 36, 37b, 39h, 41g, 53m, 76h, 76b, 77m, 85, 87, 94, 119. Collection Helen Keller 69b. Cosmos 30, 40/41. Cosmos/ © Alexander Tsiaras 77h. Cosmos/© Burnett 56. Cosmos/ © Howard Sochurek/Woodfin Camp 32. Cosmos/ © Mitch Kezar 64/65. Cosmos/ © Seitelman 54h. Dagli Orti 9, 10, 12, 16/17, 61, 62/63, 88/89, 90/91h, 98. DR 13, 48, 50/51, 52m, 58h, 58b, 71, 107, 109/110, 113, 114. Dr Bilweiss/Ethnor 43dh ; 43db. Dr Bilweis/Étikon/Ethnor 57h. Dr Neveu/CRSSA 59h. Édimedia/ © Archives SNARK Coll. part. 78h, 79. Édimedia © Archives SNARK/Wellcome Institute 25, 93. ELSINT-CNRI 37hd. Explorer archives 27h. Explorer archives/coll. Devaux 97. Explorer/ © A. Sieveking-Vision Int. 55. Gamma/C. Vioujard 39b. Gamma/ © J.-C. Francolon 42. Giraudon 18/19, 72, 84, 100. Henri de Châtillon, DR 124. INSERM 37hg, 41d. INSERM Bordeaux, U-229 80g, 80d. Janet Charles, DR 69h. J.-L. Charmet 14, 15, 22, 24b, 26, 73, 81, 105, 108. J.-R. Bader, DR 53. LADAPT, DR 116. Lauros/Giraudon 20/21, 33b. Louis Avan 33h, 54b. Luc Maillet 117. Magnum/ © Ferdinando Scianna 67. Magnum/© Thomas Hopker 52g. Musée de Toul. 4e de couv. Organisation mondiale de la santé 23d. Pr Dubertret/INSERM 59b. Pr Y. Pouliquen, Dr J.-J. Saragoussi 66. Rapho/ © Erling Mandelmann 68h. Rapho/© Lee Lockwood Black Star 70. Rapho/ © Mark Godfrey Archive 44, 45g, 45d. RMN 11, 13b, 31, 46, 60, 90/91b, 103. Roger-Viollet/ © Boyer-Viollet 28, 68b, 83. Roger-Viollet/ © Collection Viollet 29b, 82. Roger-Viollet/ © Harlingue-Viollet 29h. Sygma/ © J. Donoso 95. Sipa/ © Robert Trippett 35. Sipa Press 118. Sipa Press/ © Haley 92.

I LES EXCLUS DE LA VIE

12 Traditions antiques
14 Le message du Christ
16 Les moines au secours des infirmes
18 *Les Œuvres de Miséricorde*
20 *Charité et ordre social*
22 Vérité du corps humain
24 Ambroise Paré, chirurgien des pauvres et des rois
26 Éducation et médecine moderne
28 Premières photos à l'intérieur du corps

II L'HOMME CHANGÉ PAR L'HOMME

32 Traumatismes et déficiences
34 La technologie salvatrice
36 *Marqueurs, chiffres et sons*
38 *Angiographie, scanner et I.R.M.*
40 Les secrets du gène
42 La révolution du savoir-faire
44 Les matériaux de la vie
46 Défis et limites

III LES FONCTIONS VITALES DE L'HOMME

50 Un sang neuf
52 Cœur stimulé et échangé
54 Cœur-poumons-reins
56 Les greffes rénales et hépatiques
58 Artificiel et vivant

IV VOIR ET PERCEVOIR

62 Premières réparations de l'œil
64 Ophtalmologie moderne et cécité
66 Victoire de la science et des sens
68 Voir avec l'oreille et la main
70 Mieux voir, mieux vivre

V ENTENDRE ET COMMUNIQUER

74 Transmission et perception
76 Cophochirurgie et tympanoplastie
78 L'oreille secondée
80 Une éducation appropriée
82 Langue orale, langue des signes et technologie

VI SE MOUVOIR ET AGIR PARMI LES AUTRES

86 Corps redressés et rééduqués
88 *Les invalides de guerre*
90 *La solidarité des ébranlés*
92 La passion prophétique
94 Dispositifs de vie et de citoyenneté

TÉMOIGNAGES ET DOCUMENTS

98 Infirmes et gueux
116 Enfance et lésions cérébrales
120 Législation et handicap
124 Table des illustrations

REMERCIEMENTS

Nous remercions les personnes et les organismes suivants pour l'aide qu'ils nous ont apportée dans la réalisation de ce livre : Dr Biweis, Éditions Casterman, Commissariat à l'énergie atomique, département biologie, service hospitalier Frédéric-Joliot, Pr Dubertret, Ethnor, Etikon, Fondation Helen Keller, Jean-Pierre Held, INSERM Bordeaux, INSERM Paris, LADAPT, Pr Monties, Musées nationaux du Québec, Dr Neveu (CRSSA), Pr Pouliquen, Pr Saragoussi, Dr Danielle Truscelli, Mme Marinette Vialle, Mme Zina Weygand.

COLLABORATEURS EXTÉRIEURS

Dorrit Kröner-Revault et Anne Soto ont réuni l'iconographie de cet ouvrage. Yves Kirchner et Odile Felgine ont participé à la mise au point des textes, Alexandre Coda et Pierre Granet en ont assuré la lecture-révision, Christophe Saconney a réalisé la maquette des Témoignages et Documents.